Ali Akbar Jaffery
Amin Bin Abd Majid
Ainul Akmar Mokhtar

Cálculo do custo do ciclo de vida de um sistema de armazenamento de energia térmica

Ali Akbar Jaffery
Amin Bin Abd Majid
Ainul Akmar Mokhtar

Cálculo do custo do ciclo de vida de um sistema de armazenamento de energia térmica

ScienciaScripts

Imprint

Any brand names and product names mentioned in this book are subject to trademark, brand or patent protection and are trademarks or registered trademarks of their respective holders. The use of brand names, product names, common names, trade names, product descriptions etc. even without a particular marking in this work is in no way to be construed to mean that such names may be regarded as unrestricted in respect of trademark and brand protection legislation and could thus be used by anyone.

Cover image: www.ingimage.com

This book is a translation from the original published under ISBN 978-620-7-45201-9.

Publisher:
Sciencia Scripts
is a trademark of
Dodo Books Indian Ocean Ltd. and OmniScriptum S.R.L publishing group

120 High Road, East Finchley, London, N2 9ED, United Kingdom
Str. Armeneasca 28/1, office 1, Chisinau MD-2012, Republic of Moldova, Europe
Printed at: see last page
ISBN: 978-620-7-68322-2

Copyright © Ali Akbar Jaffery, Amin Bin Abd Majid, Ainul Akmar Mokhtar
Copyright © 2024 Dodo Books Indian Ocean Ltd. and OmniScriptum S.R.L publishing group

Conteúdo

DEDICAÇÃO 2

AGRADECIMENTOS 3

RESUMO..4

CAPÍTULO 1 6

CAPÍTULO 2 9

CAPÍTULO 3 23

CAPÍTULO 4 29

CAPÍTULO 5 42

REFERÊNCIAS 43

APÊNDICE 46

Para o meu pai, Abrar Hussain Zahid (falecido)
Para a minha mãe, Nargis Khatoon
À minha mulher Sanober Ali Jaffery, pela sua paciência, amor, amizade, humor e permissão para concluir os meus estudos enquanto vivia sozinho no Paquistão

AGRADECIMENTOS

Louvado seja Deus, cujo valor não pode ser descrito pelo orador, cujas
mercês não podem ser calculadas por calculadoras e cuja pretensão não pode ser satisfeita
por
aqueles que o tentaram fazer.

Gostaria de agradecer ao meu principal supervisor, Professor Associado Dr. Ir. Mohd Amin Bin Abd Majid (Professor Associado, Departamento de Engenharia Mecânica), pelo seu apoio contínuo ao longo dos meus estudos de mestrado. Mohd Amin Bin Abd Majid (Professor Associado, Departamento de Engenharia Mecânica) pelo seu apoio contínuo ao longo dos meus estudos de mestrado. As suas críticas foram, sem dúvida, uma fonte ativa para completar todas as etapas a tempo. Gostaria também de expressar os meus sinceros cumprimentos ao meu Co-orientador, Professor Associado Dr. Ainul Akmar Mokhtar (Professor Associado, Departamento de Engenharia Mecânica), que partilhou conhecimentos valiosos durante os meus estudos. Gostaria de expressar a minha sincera gratidão ao Professor Associado Dr. Masdi Bin Mohd (Professor Associado, Departamento de Engenharia Mecânica) pela sua orientação contínua.

Gostaria de agradecer a todos os examinadores pelos seus valiosos comentários durante os simpósios semestrais de pós-graduação. O pessoal do departamento de engenharia mecânica merece também um agradecimento especial.

Gostaria de agradecer aos meus amigos e colegas, Syed Samar Abbas, Shazaib Ahsan, Fahim Uddin e Syed Ali Ammar Taqvi, que me ajudaram efetivamente a concluir a minha tese.

Gostaria de agradecer à Dawood University of Engineering and Technology Karachi Pakistan por me ter apoiado durante a minha licença de estudo. Por último, mas não menos importante, um agradecimento especial ao Centro de Estudos de Pós-Graduação da UTP por me ter prestado assistência na pós-graduação.

RESUMO

O Sistema de Armazenamento de Energia Térmica (TSS) é utilizado quando surgem necessidades de arrefecimento flutuantes, o que é conseguido através da transferência da utilização de energia das horas de ponta para as horas de vazio. Os chillers eléctricos e os tanques de armazenamento térmico são equipamentos importantes para as instalações de TSS e de Gas District Cooling (GDC). Os principais objectivos dos chillers eléctricos são satisfazer as necessidades de arrefecimento da água refrigerada e carregar os tanques de armazenamento de energia térmica (TES) durante as horas de vazio. O tanque TES é normalmente descarregado durante o dia, que é a hora de pico da procura. É importante analisar criticamente o desempenho do TSS, analisando simultaneamente os desempenhos dos chillers eléctricos e dos tanques TES. A análise deve incorporar as flutuações nos custos e demandas envolvidas. Uma forma viável de avaliar os parâmetros críticos que definem o desempenho do SST é realizar o custo do ciclo de vida (CCV), no entanto, o CCV simples não considera as flutuações mencionadas. Neste estudo, em primeiro lugar, o modelo LCC para os chillers eléctricos e para o TES foi desenvolvido separadamente utilizando as despesas de capital (CAPEX) e as despesas operacionais (OPEX). Os dois modelos separados foram depois combinados para desenvolver um modelo probabilístico de cálculo de custos do ciclo de vida que pudesse ter em conta as alterações de custo e de procura envolvidas no sistema completo de armazenamento de energia térmica (SAT). A previsão dos custos foi efectuada através de uma abordagem probabilística que utiliza variáveis aleatórias. Assumiu-se que as flutuações aumentam apenas com os anos de funcionamento. O modelo desenvolvido foi validado com base nos dados da fábrica GDC da Universiti Teknologi Petronas (UTP) para dois cenários de caso para o TSS instalado na fábrica GDC. Os resultados mostram que um funcionamento num único turno não é viável devido ao enorme montante de CAPEX envolvido no estudo e que é necessário um funcionamento diário em dois turnos para a viabilidade do projeto. Verificou-se que o montante do CAPEX é recuperado no quinto ano de funcionamento no caso de dois turnos. O presente estudo utiliza dados da central GDC e foram tidas em conta incertezas como o custo do combustível e as taxas tarifárias. Os resultados concluem que, para que o projeto seja viável, a central deve ser explorada, no mínimo, em dois turnos até se atingir a vida económica.

CAPÍTULO 1

INTRODUÇÃO

1.1 Visão geral

Este capítulo consiste num breve historial do chiller elétrico, do armazenamento de energia (ES), do sistema de armazenamento de energia térmica (TES) e da análise do custo do ciclo de vida (LCC). A declaração do problema foi feita para descrever a razão, depois de destacar as lacunas da investigação, e os objectivos foram enumerados para se concentrarem no alvo e nos resultados esperados deste projeto. A seguir aos objectivos da investigação, foi feita uma descrição do âmbito deste estudo.

1.2 Antecedentes do estudo

A Universiti Teknologi PETRONAS (UTP) produz a sua própria energia eléctrica e água refrigerada para o sistema de ar condicionado utilizado no campus da UTP. A energia eléctrica e a água refrigerada são produzidas pela central de refrigeração a gás (GDC), localizada no campus da UTP em Tronoh, Perak West Malaysia. O GDC é um sistema de central de co-geração que produz água refrigerada e energia eléctrica, em que o gás natural é utilizado como combustível para as turbinas a gás.

É muito importante armazenar energia para explorar com êxito qualquer fonte de energia intermitente, de modo a poder satisfazer a procura de energia. Para este efeito, o armazenamento de energia (ES) tem merecido uma atenção crescente nas últimas décadas e tem sido amplamente utilizado para reduzir os custos energéticos [1], o consumo de energia [2], melhorar a qualidade do ar interior [3], aumentar a flexibilidade operacional e reduzir os custos de manutenção. No entanto, a EE também proporciona uma atmosfera amiga do ambiente, conservando os combustíveis fósseis e reduzindo a poluição [4].

Os tipos de sistemas ES foram categorizados em função dos seus mecanismos de funcionamento. Os sistemas ES mecânicos e hidráulicos normalmente armazenam energia convertendo a eletricidade em energia de compressão, elevação ou rotação [2]. Outra ideia na mesma categoria é o armazenamento de hidrogénio em hidretos metálicos [5]. Os sistemas electroquímicos de ES têm melhores eficiências de rotação mas preços muito elevados [6].

Devido às limitações dos sistemas ES supramencionados, a utilização de sistemas de armazenamento de energia térmica (TSS) para aplicações térmicas, como o aquecimento de espaços e de água, o arrefecimento, o ar condicionado e outras aplicações, tem recebido recentemente muita atenção. Os sistemas TSS são diversos e incluem contentores concebidos, aquíferos e solos subterrâneos, lagos, tijolos e lingotes. Na secção seguinte são apresentados mais pormenores.

1.3 Sistemas de armazenamento de energia térmica (TSS)

Nas últimas quatro ou cinco décadas, foram desenvolvidas várias técnicas de SST, à medida que os países industrializados se tornaram altamente electrificados. Esses sistemas de SST têm um enorme potencial para melhorar a utilização de equipamento de energia térmica e facilitar a substituição de energia em grande escala numa perspetiva económica. Existem principalmente dois tipos de sistemas TSS, sensíveis (por exemplo, água e rocha) e latentes (por exemplo, água/gelo e hidratos de sal) [7]. A seleção de um sistema TES depende principalmente do período de armazenamento necessário, por exemplo, diurno ou sazonal, da viabilidade económica e das condições de funcionamento [3].

Os principais componentes de um TSS são o tanque TES e os chillers eléctricos. A separação da água fria/quente armazenada no tanque TES e a água fria/quente que retorna do sistema

AVAC do edifício são os factores-chave que contribuem para o desempenho dos sistemas de armazenamento de água. Têm sido utilizados vários métodos, como a utilização de dois reservatórios (um para a água fria e outro para a água quente), uma membrana ou diafragma para separar a água fria da água quente no mesmo reservatório e a estratificação natural. No método de estratificação, a água fria e a água quente são armazenadas no mesmo tanque e são separadas por estratificação natural, tendo sido relatado um desempenho melhor ou semelhante em comparação com outros métodos [8].

Os tanques TES podem funcionar com chillers de apoio para satisfazer a procura de arrefecimento. A aplicação do tanque TES frio é para armazenar a energia de pico nocturna para utilização no pico diurno [9]. No caso da central de co-geração em estudo, a energia eléctrica excedentária produzida pelas turbinas a gás, disponível durante a noite, é utilizada para gerar água refrigerada através de chillers eléctricos para carregar o tanque TES. A água refrigerada é armazenada no tanque para suportar as necessidades de pico durante o dia. Este sistema foi concebido para conseguir uma melhor utilização da eletricidade. Estudos demonstraram que o funcionamento do sistema TES influencia grandemente o seu desempenho.

1.4 Gestão dos SST e aplicação do cálculo do custo do ciclo de vida (CCV):

Para explorar eficientemente o chiller elétrico e o tanque TES num SST, é importante gerir adequadamente estes recursos utilizando qualquer ferramenta comercial. A este respeito, o cálculo do custo do ciclo de vida (CCV) tem sido amplamente utilizado [10]. Até à data, foram propostas várias definições para o CCV. O CCV é a análise dos custos incorridos com um produto durante todo o seu ciclo de vida. De acordo com [10], o CCV é a otimização da relação custo-benefício na propriedade de activos físicos, tendo em consideração todos os factores de custo relacionados com o ativo, desde a aquisição até à sua vida operacional. Isto significa que o processo de análise do CCV de um produto inclui a recolha de dados sobre o produto/equipamento, a interpretação e análise dos dados utilizando ferramentas quantitativas e a previsão dos recursos futuros necessários em qualquer fase do ciclo de vida de um sistema de interesse. Mais adequadamente, o LCC é uma análise do fluxo de caixa de um ativo que considera a diferença entre os custos de entrada e as receitas associadas à aquisição e propriedade de um sistema em comparação com um sistema alternativo que possa satisfazer a mesma necessidade.

1.5 Declaração do problema

Os modelos LCC actuais prevêem os custos com base em parâmetros constantes, que são seleccionados no momento da instalação ou durante os estudos de viabilidade. No entanto, os custos envolvidos nos chillers eléctricos e nos tanques TES são aleatórios devido a variações nos custos operacionais e na procura de produção de água refrigerada [11]. As variações nos custos operacionais precisam considerar os custos da concessionária, que podem variar de acordo com as variações nos custos da tarifa de energia elétrica. Por outro lado, as variações nos custos de manutenção devem incluir os custos de manutenção preventiva e de avarias. Estas flutuações de custos farão variar a vida económica e podem mesmo alterar a viabilidade do sistema.

Esta investigação propõe a realização de um cálculo probabilístico do custo do ciclo de vida para prever as flutuações de custos. O CCV probabilístico tem sido amplamente utilizado para o CCV [12-14], no entanto, tanto quanto é do conhecimento do autor, nunca foi utilizado para o CCV de SCT. Por conseguinte, é necessário desenvolver um modelo de CCV eficiente baseado numa abordagem probabilística que permita investigar as variações na procura e nos custos dos SCT.

1.6 Objectivos

Em vez da declaração do problema, os objectivos do presente estudo:

i.   Desenvolver um modelo probabilístico de cálculo de custos do ciclo de vida que possa incorporar a aleatoriedade envolvida nos custos operacionais e de manutenção dos chillers eléctricos e dos tanques TES.

ii.   Adotar o modelo desenvolvido às condições de funcionamento da central de arrefecimento urbano da UTP.

iii.   Avaliar o SST com base na análise económica da vida útil para operações de um e dois turnos.

O estudo implica a formulação de um modelo matemático.

1.7 Âmbito do estudo

O objetivo deste estudo é o desenvolvimento de um modelo probabilístico para o cálculo do custo do ciclo de vida. O TSS localizado na central GDC da UTP foi escolhido como caso de estudo, pelo que todos os principais custos variáveis associados ao TSS foram seleccionados para este estudo. O CAPEX e o OPEX constituem os custos variáveis, sendo que os custos operacionais consideram as variações nos custos das utilidades, enquanto os custos de manutenção consideram os custos preventivos e de avaria. Para este estudo, o salvamento não é considerado, e a análise de substituição está fora do âmbito.

Para o efeito, foi desenvolvido um código numérico utilizando o software MATLAB. O modelo LCC utiliza a abordagem probabilística empregando variáveis aleatórias, que são geradas pelo MATLAB.

1.8 Esboço da tese

Esta tese está organizada em cinco capítulos, como se segue;

Chapter 1:   **- Introdução:** Este capítulo introduz a tese e apresenta os antecedentes do estudo. Além disso, o enunciado do problema, os objectivos e o âmbito foram apresentados neste capítulo.

Chapter 2:   **- Revisão da literatura:** Neste capítulo foram apresentados os antecedentes do estudo para compreender a literatura relacionada e o conceito do estudo. Este capítulo identificou as principais vantagens do CCV para os sistemas de armazenamento térmico. Além disso, os tipos de chillers e o custo do ciclo de vida foram explicados neste capítulo.

Chapter 3:   **- Metodologia:** Este capítulo apresenta a metodologia da investigação e o desenvolvimento do modelo. O desenvolvimento do modelo LCC também foi abordado neste capítulo. O cálculo probabilístico do custo do ciclo de vida foi formulado e foram explicados casos que ajudarão a deduzir os resultados no capítulo seguinte. A análise do ponto de equilíbrio também foi abordada neste capítulo.

Chapter 4:   **- Resultados e discussão:** Este capítulo apresenta os resultados e a discussão do modelo probabilístico de cálculo do custo do ciclo de vida. Neste estudo, o sistema de armazenamento térmico na central GDC localizada na UTP foi utilizado como um caso de estudo.

Chapter 5:   **- Conclusão e recomendação:** Este capítulo resume a tese e apresenta a principal contribuição do estudo. A recomendação futura foi apresentada neste capítulo.

CAPÍTULO 2

REVISÃO DA LITERATURA

2.1 Visão geral

Este capítulo apresenta uma revisão pormenorizada da literatura que foi efectuada no âmbito deste estudo.

2.2 Introdução aos sistemas de armazenamento de energia térmica (TSS)

O armazenamento de energia (ES) só recentemente foi desenvolvido a ponto de poder ter um impacto significativo na tecnologia moderna [3]. A ES é extremamente importante para o sucesso de qualquer fonte de energia intermitente na satisfação da procura. Por exemplo, a necessidade de armazenamento para aplicações de energia solar é grave, especialmente quando a energia solar está menos disponível, nomeadamente no inverno. Os sistemas ES podem contribuir significativamente para satisfazer as necessidades da sociedade no que respeita a uma utilização mais eficiente e ambientalmente benigna da energia no aquecimento e arrefecimento de edifícios, energia aeroespacial e aplicações de serviços públicos. A utilização de sistemas ES resulta frequentemente em benefícios tão significativos como [15]:

i.   Redução dos custos energéticos

ii. Redução do consumo de energia

iii. Melhoria da qualidade do ar interior

iv. Maior flexibilidade de funcionamento

v.   Redução dos custos iniciais e de manutenção.

Além disso, Dincer [2] apontou algumas vantagens adicionais do ES:

i.   Dimensão reduzida do equipamento

ii. Utilização mais eficiente e eficaz do equipamento

iii. Conservação dos combustíveis fósseis (facilitando uma utilização mais eficiente da energia e/ou a substituição de combustíveis)

iv. Redução das emissões poluentes [por exemplo, CO_2 e clorofluorocarbonetos (CFC)].

Entre os tipos de sistemas ES, os sistemas ES mecânicos e hidráulicos armazenam normalmente energia convertendo a eletricidade em energia de compressão, elevação ou rotação [2, 16]. O armazenamento por bombagem está comprovado, mas a sua aplicabilidade é bastante limitada por considerações de localização. Em alternativa, a energia pode ser armazenada quimicamente como hidrogénio em campos de gás esgotados. A energia da rotação pode ser armazenada em volantes de inércia, mas parecem ser necessários projectos avançados com materiais de alta resistência para reduzir o preço e o volume do armazenamento. Em geral, os sistemas mecânicos e hidráulicos sofrem uma penalização energética substancial de até 50% num ciclo completo de armazenamento devido a ineficiências. As reacções químicas reversíveis podem também ser utilizadas para armazenar energia [2, 16]. Há um interesse crescente no armazenamento de calor a baixa temperatura sob a forma química, mas ainda não surgiram sistemas práticos. Outra ideia da mesma categoria é o armazenamento de hidrogénio em hidretos metálicos [5]. Os testes desta ideia estão em curso. Os sistemas electroquímicos de ES têm melhores eficiências de recuperação, mas os seus preços são muito elevados [6]. Atualmente, a investigação intensiva está orientada para o melhoramento das baterias, nomeadamente através da redução dos seus rácios peso/capacidade de armazenamento, conforme necessário em muitas aplicações para veículos. Como sucessora da bateria de chumbo-ácido, estão a ser testadas alternativas de sódio-enxofre e de sulfureto de lítio, entre outras. Um tipo diferente de sistema eletroquímico

9

é a célula de fluxo redox, assim chamada porque a carga e a descarga são conseguidas através de reacções de redução e oxidação que ocorrem em fluidos armazenados em dois tanques separados. Para tornar o principal candidato (um sistema redox de ferro) competitivo em relação às baterias actuais, o seu preço teria de ser reduzido pelo menos para metade.

Os sistemas de armazenamento de energia térmica (TSS) são variados e incluem contentores concebidos, aquíferos subterrâneos e solos e lagos, tijolos e lingotes [2]. Alguns sistemas que utilizam tijolos estão a funcionar na Europa [17]. Nestes sistemas, a energia é armazenada sob a forma de calor sensível. Em alternativa, a energia térmica pode ser armazenada no calor latente de fusão em materiais como os sais ou a parafina. O armazenamento latente pode reduzir o volume do dispositivo de armazenamento até 100 vezes, mas, após várias décadas de investigação, muitos dos seus problemas práticos ainda não foram resolvidos. Finalmente, a energia eléctrica pode ser armazenada em sistemas magnéticos supercondutores, embora os custos desses sistemas sejam elevados [6].

A utilização de TSS para aplicações térmicas, como o aquecimento de espaços e de água, o arrefecimento, o ar condicionado, etc., tem recebido recentemente muita atenção [1, 18]. Nas últimas quatro ou cinco décadas, foram desenvolvidas várias técnicas de TES, à medida que os países industrializados se tornaram altamente electrificados. Esses sistemas TES têm um enorme potencial para tornar mais eficaz a utilização de equipamentos de energia térmica e para facilitar substituições de energia em grande escala numa perspetiva económica. Em geral, é necessário um conjunto coordenado de acções em vários sectores do sistema energético para que os potenciais benefícios do armazenamento térmico sejam plenamente realizados.

O TSS trata do armazenamento de energia através do arrefecimento, aquecimento, fusão, solidificação ou vaporização de um material; a energia térmica fica disponível quando o processo é invertido. O armazenamento através do aumento ou diminuição da temperatura de um material é designado por armazenamento de calor sensível; a sua eficácia depende do calor específico do material de armazenamento e, se o volume for importante, da sua densidade. O armazenamento por mudança de fase (a transição de sólido para líquido ou de líquido para vapor sem alteração de temperatura) é um modo de SST conhecido como armazenamento de calor latente [18, 19]. Os sistemas de armazenamento sensível utilizam normalmente rochas, solo ou água como meio de armazenamento, e a energia térmica é armazenada através do aumento da temperatura do meio de armazenamento [1]. Os sistemas de armazenamento de calor latente armazenam energia em materiais de mudança de fase (PCMs), sendo a energia térmica armazenada quando o material muda de fase, normalmente de sólido para líquido. O calor específico de solidificação/fusão ou vaporização e a temperatura a que ocorre a mudança de fase são importantes para o projeto. Tanto o TES sensível como o latente podem também ocorrer no mesmo material de armazenamento.

Os PCMs são acondicionados em recipientes especializados, como tubos, painéis rasos, sacos de plástico, etc., ou contidos em elementos de construção convencionais (por exemplo, painéis de parede e tectos) ou encapsulados como elementos autónomos [20]. A forma mais antiga de SST envolve provavelmente a recolha de gelo de lagos e rios e o seu armazenamento em armazéns bem isolados para utilização durante todo o ano em quase todas as tarefas que a refrigeração mecânica satisfaz atualmente, incluindo a conservação de alimentos, o arrefecimento de bebidas e o ar condicionado. O edifício do parlamento húngaro em Budapeste ainda é climatizado com gelo colhido no Lago Balaton durante o inverno. O TSS sempre esteve intimamente associado a instalações solares, incluindo aquecimento solar e aplicações fotovoltaicas. Hoje em dia, utilizam-se acumuladores de ar comprimido, baterias, acumuladores de água quente e refrigerada, acumuladores de gelo e volantes de inércia, todos concebidos para satisfazer um ou mais dos objectivos acima referidos. Muitos serviços de utilidade pública oferecem incentivos directos às aplicações de armazenamento de energia, enquanto que as tarifas de hora do dia e as elevadas taxas de procura incitam indiretamente os clientes a considerar estas oportunidades [21].

O SST envolve geralmente o armazenamento temporário de energia térmica a alta ou baixa temperatura para utilização posterior. Exemplos de SAT são o armazenamento de energia solar para aquecimento noturno, de calor de verão para utilização no inverno, de gelo de inverno para arrefecimento de espaços no verão, e de calor ou frio gerados eletricamente durante as horas de menor procura para utilização durante as horas de maior procura subsequentes [1, 2]. A energia solar, ao contrário da energia dos combustíveis fósseis, não está disponível a todo o momento. As cargas de arrefecimento, que quase coincidem com os níveis máximos de radiação solar, estão frequentemente presentes após o pôr do sol. Este fenómeno deve-se em grande parte ao intervalo de tempo entre o momento em que os objectos são aquecidos pela energia solar e o momento em que libertam o calor para o ar circundante. Os SST podem ajudar a compensar este desfasamento entre a disponibilidade e a procura [22].

2.1.1 Tipos de SST

Como explicado anteriormente, existem principalmente dois tipos de sistemas de SST, sensíveis (por exemplo, água e rocha) e latentes (por exemplo, água/gelo e hidratos de sal). A seleção de um sistema de SST depende principalmente do período de armazenamento necessário, por exemplo, diurno ou sazonal, da viabilidade económica, das condições de funcionamento, etc. Muitas actividades de investigação e desenvolvimento no domínio da energia têm-se concentrado na utilização eficiente e na conservação de energia, e o SST parece ser uma das tecnologias térmicas mais atractivas que têm sido desenvolvidas. O TSS é basicamente a "retenção" temporária de energia para uso posterior. A temperatura a que a energia é mantida determina, em parte, a aplicação potencial. Exemplos de sistemas de SST são o armazenamento de energia solar para utilização nocturna e ao fim de semana, de calor do verão para aquecimento de espaços no inverno e de gelo do inverno para arrefecimento de espaços no verão [22, 23]. Além disso, o calor ou o frio gerado eletricamente durante as horas de menor procura pode ser utilizado durante as horas de maior procura subsequentes. A energia solar, ao contrário da energia fóssil, nuclear e de alguns outros combustíveis, não está sempre disponível. Mesmo as cargas de arrefecimento, que coincidem de certa forma com os níveis máximos de radiação solar, mas que se atrasam no tempo, estão frequentemente presentes após o pôr do sol [22].

O SST tem potencial para ultrapassar estas deficiências. Com base no meio de armazenamento, a água, o óleo e os materiais de mudança de fase têm sido utilizados para aplicações de armazenamento térmico. No entanto, devido à sua disponibilidade, elevado calor específico e baixo custo, a água tem o maior potencial de utilização como meio de armazenamento. Além disso, os sistemas de armazenamento que utilizam água têm algumas vantagens significativas sobre outros meios, incluindo [2]:

1. Os controlos são mais simples do que os sistemas de armazenamento de mudança de fase.
2. A água também pode servir como reservatório de água para proteção contra incêndios.
3. A água armazenada pode servir como fonte de reserva para aquecimento/arrefecimento em caso de falta de eletricidade.

4. Menos dispendioso do que outros suportes.

A separação da água fria/quente armazenada no tanque de armazenamento e da água fria/quente que regressa do sistema AVAC do edifício é o fator-chave que contribui para o desempenho dos sistemas de armazenamento de água. Têm sido utilizados vários métodos, como a utilização de dois tanques (um para água fria e outro para água quente), uma membrana ou diafragma para separar a água fria da água quente no mesmo tanque e a estratificação natural. No método de estratificação, a água fria e a água quente são armazenadas no mesmo tanque e são separadas por estratificação natural, tendo sido reportado um desempenho melhor ou semelhante em comparação com outros métodos [8].

Como mencionado anteriormente, o TSS é tipicamente constituído por um tanque de armazenamento de energia térmica (TES), que é como uma bateria para o sistema de ar condicionado de um edifício. Utiliza equipamento de arrefecimento normal, mais um tanque de armazenamento de energia para transferir a totalidade ou parte das necessidades de arrefecimento de um edifício para as horas nocturnas, fora do horário de ponta [7].

O TSS utiliza a cogeração como uma central de produção combinada de calor e eletricidade (CHP) que gera eletricidade e calor simultaneamente [9]. A eletricidade é gerada a partir do trabalho mecânico da turbina, enquanto o calor é produzido através da utilização do calor residual da turbina. A principal vantagem da cogeração é o facto de consumir menos energia para gerar calor para as necessidades da procura. A utilização da cogeração tem a vantagem de reduzir em mais de 35% o custo da eletricidade, bem como de proporcionar uma grande quantidade de arrefecimento e/ou aquecimento gratuitos [9]. Um benefício adicional da cogeração é a redução das emissões ambientais e uma operação mais económica [9, 24]. A cogeração é construída como aquecimento urbano ou arrefecimento urbano. Para satisfazer a procura de aquecimento, as cogerações são construídas como aquecimento urbano. O arrefecimento urbano, por outro lado, é mais adequado para países tropicais onde é necessário um arrefecimento substancial. No arrefecimento urbano, os chillers de compressão de vapor eléctricos e os chillers de absorção são incorporados nas centrais de cogeração [11, 25].

Estudos demonstraram que o funcionamento do sistema TES influencia grandemente o seu desempenho. Para a estratégia de armazenamento parcial, como se mostra na figura 2.1, os chillers funcionam durante o período de pico de arrefecimento, apoiados pela água refrigerada do tanque TES. A estratégia pode ser de nivelamento de carga ou de limitação da procura. No caso do funcionamento com nivelamento de carga, os chillers funcionam à capacidade máxima durante 24 horas [23, 26]. No caso da limitação da procura, os chillers funcionam a uma capacidade reduzida durante as horas de ponta. A estratégia de nivelamento da carga exige menos capacidade de armazenamento do que a estratégia de limitação da procura. A estratégia de limitação da procura, por sua vez, exige menos capacidade de armazenamento em comparação com a estratégia de armazenamento total [23]. A estratégia de nivelamento da carga é mais adequada quando a carga de arrefecimento de pico é muito mais elevada do que a carga de arrefecimento média [23].

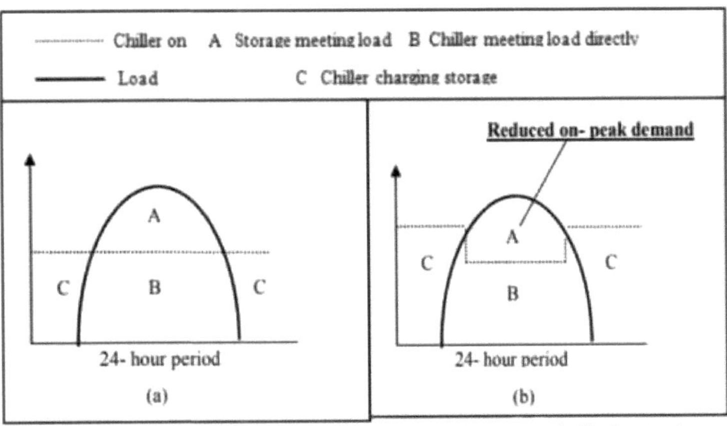

Figura 2.1 Demonstração das estratégias de nivelamento da carga e de limitação da procura

Os pormenores dos dois tipos de refrigeradores são os seguintes

2.2 Refrigeradores

Como mencionado, existem principalmente dois tipos de refrigeradores, que funcionam com base no princípio da compressão ou absorção de vapor. Os pormenores são os seguintes:

2.2.1 Chiller de compressão de vapor

O ciclo de compressão de vapor é frequentemente utilizado para aplicações de ar condicionado e refrigeração [27]. Existem quatro equipamentos principais nos chillers de compressão de vapor, nomeadamente o evaporador, o compressor, o condensador e a válvula de expansão [28]. Nos quatro equipamentos, o refrigerante circula como um sistema de carga fechada. O condensador funciona a alta pressão e é utilizado para condensar o vapor do refrigerante, enquanto o evaporador é utilizado para vaporizar o refrigerante na fase de baixa pressão. A compressão e a expansão do refrigerante são efectuadas pelo compressor e pela válvula de expansão, respetivamente. No condensador, o vapor de refrigerante é condensado, rejeitando o calor do condensador (Q_{cond}). A vaporização do refrigerante no evaporador é obtida a partir da carga (Q_{ev}). Numa instalação de arrefecimento urbano, o calor do evaporador é utilizado para gerar água fria arrefecida. O ciclo esquemático do chiller de compressão de vapor é apresentado na Figura 2.2 [28]. Os chillers de compressão de vapor necessitam de energia eléctrica para fazer funcionar o compressor e fazer circular o refrigerante. Os chillers de compressão de vapor são classificados com base no tipo de compressor utilizado, como o compressor alternativo, centrífugo e de parafuso.

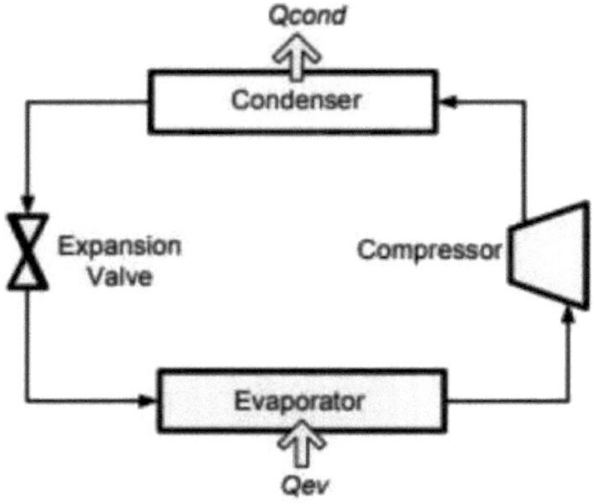

Figura 2.2 Esquema de um refrigerador de compressão de vapor

Os chillers de acionamento elétrico utilizam motores eléctricos para acionar o compressor. Entre eles incluem-se os chillers de compressor alternativo, os chillers centrífugos, os chillers de compressor de parafuso e os chillers de compressor scroll [29]. Os chillers de compressor alternativo utilizam cilindros com pistões que actuam como bombas para aumentar a pressão do refrigerante. Os compressores podem ter de 1 a 12 cilindros de pistão, que se descarregam aos pares à medida que a carga diminui. Estes compressores são adequados para condensadores arrefecidos a ar e aplicações de baixa temperatura e dominam o mercado em sistemas de pequena tonelagem. Os chillers de compressor centrífugo são basicamente ventiladores ou sopradores, que aumentam a pressão do refrigerante forçando o gás à volta de um rolo e através de uma abertura em forma de funil a alta velocidade. São geralmente mais silenciosos, requerem menos manutenção e têm menos vibração do que os compressores alternativos. Não são adequados para chillers arrefecidos a ar e, por conseguinte, têm de ser arrefecidos a água. Os chillers de compressor de parafuso são mais compactos do que o compressor centrífugo ou alternativo. O compressor consiste em dois rotores com ranhuras helicoidais que giram, comprimindo o gás refrigerante à medida que este passa de uma extremidade dos parafusos para a outra. Os sistemas de parafuso são mais adequados para aplicações de baixa temperatura. Os chillers de compressor Scroll utilizam duas espirais, uma dentro da outra, para comprimir o refrigerante. São relativamente novos em aplicações comerciais, muito silenciosos e eficientes. Os compressores Scroll estão disponíveis até 60 toneladas.

2.2.2 Chillers de absorção

O chiller de absorção gera uma capacidade de arrefecimento que é obtida através da utilização do calor residual da turbina [30]. Oferece benefícios para suprir as necessidades de arrefecimento de edifícios nos sectores residencial, comercial e institucional em países tropicais.

O ciclo esquemático do chiller de absorção é apresentado na Figura 2.3 [31].

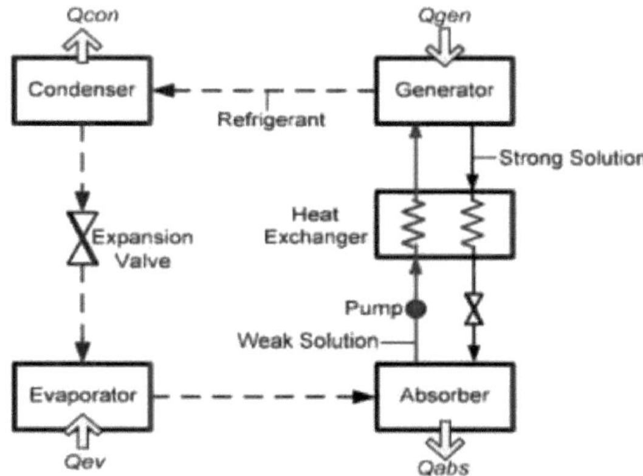

Figura 2.3 Esquema de um chiller de absorção

Para além de implementar chillers para utilizar o calor residual, o sistema de arrefecimento urbano armazena o excesso de energia térmica como água refrigerada no tanque TES. Tendo a capacidade de armazenar água refrigerada, o tanque TES é eficiente para mudar a utilização de energia dos períodos de procura de ponta para os períodos de procura fora de ponta. Se a água refrigerada pudesse ser gerada e armazenada durante a procura fora de horas de ponta, seria utilizada mais tarde uma maior capacidade de refrigeração para a procura em horas de ponta. Para além de evitar um desfasamento entre a oferta e a procura de arrefecimento, o reservatório TES também tem vantagens em satisfazer a preferência da sociedade por um funcionamento mais eficiente e económico. O depósito TES pode ser implementado em dois tipos de armazenamento: latente ou sensível. No armazenamento latente, o reservatório utiliza o armazenamento refrigerado a gelo, enquanto no armazenamento sensível utiliza água refrigerada. A temperatura da água refrigerada no armazenamento sensível é estratificada, pelo que é conhecido como reservatório TES estratificado.

Sendo acompanhado por um refrigerador elétrico, o esquema de funcionamento de um SST pode ser ilustrado através do diagrama seguinte:

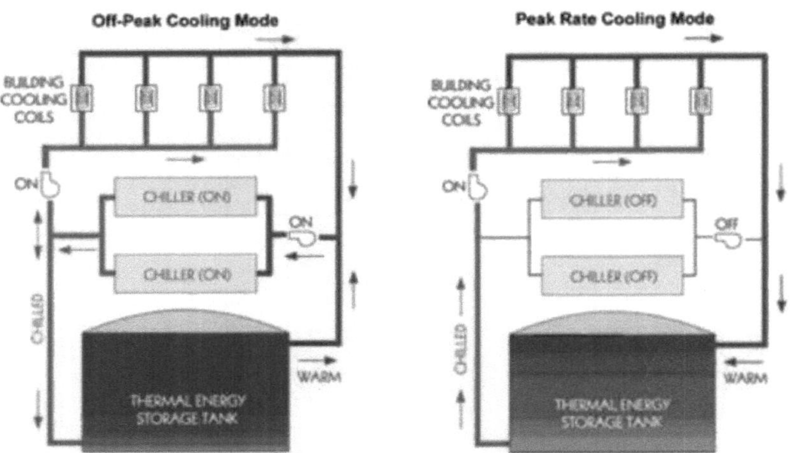

Figura 2.4 Esquema de funcionamento do TSS

2.2.3 Modelação numérica de refrigeradores

A necessidade de prever as características de desempenho dos chillers levou ao desenvolvimento de diferentes técnicas de simulação [32]. Em alguns chillers simples, o modelo simples parece ser uma solução satisfatória para prever o desempenho energético dos chillers, no entanto, num sistema de chillers complexo, o cálculo é moroso utilizando um modelo complicado. A principal consideração para selecionar o parâmetro na simulação depende fortemente dos objectivos pretendidos com a simulação. A outra consideração é a relação entre os parâmetros utilizados na simulação [33]. De acordo com a literatura sobre os refrigeradores, podem ser implementados dois tipos de modelos, nomeadamente modelos de primeiro princípio e modelos baseados na correlação.

O modelo de primeiro princípio [34] baseia-se nas equações termodinâmicas relacionadas com os componentes dos refrigeradores, utilizados exclusivamente ou acoplados integralmente nos refrigeradores. A utilização da equação termodinâmica na componente dos chillers incentiva o desenvolvimento do modelo geral.

O segundo tipo, os modelos baseados na correlação [35], relaciona o desempenho energético dos refrigeradores com diferentes parâmetros de funcionamento, utilizando a análise de regressão dos dados medidos. Nos chillers de compressão de vapor, foram desenvolvidos numerosos modelos, tanto de primeiro princípio como baseados em correlação. Os modelos de primeiro princípio são utilizados para diversos fins. Cecchini e Marshal [36] desenvolveram o modelo de primeiro princípio para simular a refrigeração e o ar condicionado. Os modelos utilizaram a suposição de operação em estado estacionário, queda de pressão desprezada, sub-resfriamento constante na saída do condensador e superaquecimento constante na saída do evaporador. Gordon e Ng [37] desenvolveram um modelo para relacionar o coeficiente de desempenho e a energia de arrefecimento do modelo de chillers utilizando um modelo termodinâmico simples. O modelo foi desenvolvido para relacionar as perdas internas do condensador e do evaporador, a temperatura de saída da água refrigerada e a temperatura de entrada da água do condensador.

O modelo baseado em correlação para refrigeradores de compressão de vapor tem sido utilizado para diversos fins. Strand et al. [35] desenvolveram modelos para a simulação direta e indireta do armazenamento de gelo. O evaporador, o compressor e o condensador foram ligados num programa de simulação. Figuera et al. [38] desenvolveram um modelo para chillers centrífugos arrefecidos a água, correlacionando dados da temperatura de alimentação do condensador em chillers arrefecidos a água. Reindl et al. [39] apresentaram um método semi-empírico para representar o compressor de um frigorífico/congelador doméstico. McIntosh et al. [40] desenvolveram dois modelos para refrigeradores de compressão de vapor utilizando um ciclo de refrigeração simples como estrutura para o compressor e os permutadores de calor. O modelo foi desenvolvido na simulação para deteção de falhas e diagnóstico de refrigeradores de compressão de vapor. Também foram desenvolvidos modelos de chillers de absorção para simulação e previsão do desempenho.

No modelo de primeiro princípio, o modelo de simulação utilizou balanços de massa e balanços de energia relacionados com as condições de funcionamento da pressão, temperatura e concentração da solução em cada componente [41]. Isto envolveu parâmetros de água refrigerada, água de arrefecimento, entrada de calor e capacidade de arrefecimento. Com estes parâmetros, é utilizada uma simulação para calcular a temperatura de fornecimento de calor necessária, o caudal de água de arrefecimento, a temperatura, a pressão e a concentração em todos os pontos de estado [30]. O modelo de primeiro princípio foi utilizado para simulação como um todo ou como um componente específico de chillers de absorção. Para todo o chiller de absorção, o modelo de primeiros princípios foi desenvolvido para simular várias configurações com diferentes fluidos de trabalho Grossman et al. [34]. Mais tarde, este modelo foi aperfeiçoado para prever o desempenho de chillers de absorção de um e dois estágios Gommed e Grossman [42] e de chillers de absorção de três estágios, Grossman et al. [43]. Para o caso de um componente específico, o modelo de primeiro princípio foi desenvolvido para simulação no absorvedor, Seewald e PerzBlanco [44]. O modelo foi desenvolvido como uma abordagem simples que abrange o efeito de vários parâmetros no desempenho do absorvedor.

2.3 Descrição do CAPEX e do OPEX

Uma despesa de exploração, despesa de exploração, despesa operacional, despesa operacional ou OPEX é um custo contínuo de funcionamento de um produto, empresa ou sistema [45]. A sua contrapartida, uma despesa de capital (CAPEX), é o custo de desenvolvimento ou fornecimento de peças não consumíveis para o produto ou sistema. Por exemplo, a compra de uma fotocopiadora envolve CAPEX, e os custos anuais de papel, toner, eletricidade e manutenção representam OPEX [46]. Para sistemas de maior dimensão, como as empresas, o OPEX pode também incluir o custo dos trabalhadores e as despesas com as instalações, como o aluguer e os serviços de utilidade pública.

2.4 Valor atual líquido (VAL):

Os custos de projeto que ocorrem em diferentes momentos da vida de um edifício não podem ser comparados ou somados diretamente devido à variação do valor temporal do dinheiro. Devem ser descontados para o seu valor atual através das equações apropriadas. Os custos devem primeiro ser convertidos para o seu valor equivalente no tempo na data de referência antes de serem combinados para calcular o CCV de uma fase do projeto ou de todo o projeto. Este valor equivalente ao tempo é referido como o Valor Atual (VP) dos custos. A taxa de desconto é a taxa de juro utilizada para converter (ou "descontar") as despesas futuras para o seu valor atual na data base, tendo em conta o valor temporal do dinheiro do investidor. A taxa de desconto selecionada para a análise do CCV deve tornar um investidor indiferente entre um montante de dinheiro futuro e o seu valor atual. A equivalência atual de um custo futuro, ou seja, o valor atual, pode ser considerado como o montante de dinheiro que teria de ser investido hoje, a uma taxa de juro igual à taxa de desconto, para ter o dinheiro disponível para fazer face ao custo futuro no momento em que se prevê que este ocorra. Os efeitos da inflação também podem ser incluídos nestes cálculos.

Na análise LCC, todos os custos actuais e futuros relevantes (menos quaisquer fluxos de caixa positivos) associados a um sistema de energia são somados em valor atual ou anual durante um determinado período de estudo (por exemplo, a vida do sistema). Estes custos incluem, mas não se limitam a, energia, aquisição, instalação, operações e manutenção (O&M), reparação, substituição (menos valor residual), inflação e taxa de desconto para a vida do investimento (custo de oportunidade do dinheiro investido), que são discutidos em pormenor na norma ISO 15686-5:2017(E) [47]. Os critérios para a relação custo-eficácia podem ser subjectivos, dependendo do decisor de investimento. Geralmente, um projeto é rentável se tiver um SIR superior a um, uma AIRR superior à taxa de desconto, um LCC inferior ao melhor sistema energético alternativo seguinte e um período de retorno simples inferior à vida útil do edifício.

Uma caraterística central do LCC é a aplicação do Valor Atual Líquido (VAL). No entanto, mesmo com taxas de desconto modestas, o VAL reduz-se rapidamente, tornando assim o investimento de capital para um desempenho a longo prazo pouco atrativo para o promotor em termos de custos simples. Por exemplo, a uma taxa de desconto de apenas 4%, o VAL é inferior a 50% do custo a 20 anos e, a taxas de desconto mais elevadas, o VAL reduz-se ainda mais. Por razões puramente económicas, é mais atraente gastar menos agora e mais mais tarde. Além disso, as incertezas associadas à previsão de alterações nas taxas de juro e de inflação futuras podem ser maiores do que as associadas às previsões da vida útil. Por conseguinte, há que ter cuidado ao aplicar as taxas de desconto num cálculo do CLC.

O VAL pode ser definido como o valor atual dos fluxos de caixa menos o valor atual dos custos. A análise é efectuada para um período de tempo previamente determinado e descontado para os fluxos de caixa e custos actuais; tem de ser arbitrada uma taxa de desconto. Na análise, o valor da taxa de desconto utilizada é crucial, uma vez que o VAL é sensível à taxa de desconto escolhida.

Em vez da discussão anterior, o VAL foi adotado no presente estudo.

2.5 Análise dos custos do ciclo de vida

A definição de CCV, de acordo com [10], é a seguinte Uma técnica que permite efetuar avaliações comparativas de custos durante um período de tempo específico, tendo em conta todos os factores económicos relevantes, tanto em termos de custos iniciais como de custos operacionais futuros O cálculo dos custos do ciclo de vida é uma ferramenta desenvolvida pelo Departamento de Defesa dos EUA durante a década de 1960. O CCV avalia os custos acumulados durante um período de vida. Existem várias formas de utilizar um CCV e, dependendo do objetivo a que se destina, a sua precisão e âmbito podem variar em função do objetivo do investigador, da finalidade e da escolha da metodologia que tem impacto nos resultados [48]. O desenvolvimento da análise do custo do ciclo de vida deveu-se ao facto de a indústria ter chegado à conclusão de que é mais fácil tratar dos custos antes de eles ocorrerem do que ter de os reduzir em fases posteriores. Antes de explicar melhor o que é o CCV, é necessário esclarecer algumas palavras sobre as diferentes variedades de ferramentas do ciclo de vida:

i.   **Avaliação do ciclo de vida (ACV)** - É um procedimento utilizado para calcular o impacto ambiental de um produto ou serviço. As quatro etapas da ACV são: (1) definição dos objectivos e do âmbito, (2) análise do inventário, (3) avaliação do impacto e (4) interpretação.

ii. **Avaliação do Impacto do Ciclo de Vida (AICV)** - Toda a análise pode ser uma etapa de "o que significa" numa ACV. Isto significa que o impacte ambiental dos fluxos de recursos é analisado em relação aos danos ambientais causados. Isto inclui uma forte ênfase nos limites do sistema e no que será o impacte e as causas.

iii. **Avaliação da sustentabilidade do ciclo de vida (LCSA)** - Avaliação dos impactos sociais, económicos e ambientais num processo de tomada de decisão. Por vezes, é vista como a versão agregada da ACV-Ambiental (ACV-AE), da ACV-CV e da ACV-Social (ACV-S)

iv. **Custo do ciclo de vida (CCV)** - Uma abordagem do princípio ao fim que avalia os produtos, serviços e impacto ambiental com custos monetários.

v. **Avaliação do custo do ciclo de vida (LCCA)** - Uma abordagem sistemática para identificar as consequências ambientais e atribuir-lhes valores monetários.

vi. **Análise do custo do ciclo de vida (LCCA)** - Determina a opção mais rentável entre diferentes alternativas. Tem em conta todos os custos durante o tempo de vida e os custos são normalmente convertidos em valores actuais líquidos.

vii. **Custo Probabilístico do Ciclo de Vida (PLCC)** - Método que utiliza distribuições de probabilidade para avaliar as incertezas relacionadas com os custos. Métodos como o CCV (ou métodos estruturados de forma semelhante) baseiam-se na economia neoclássica e assentam em três pressupostos fundamentais: (1) as pessoas são racionais, (2) os indivíduos maximizam a sua utilidade e (3) as pessoas estão plenamente informadas. Este facto terá implicações na forma como as decisões são tomadas. Os indivíduos tendem a tomar decisões não racionais quando as decisões envolvem incertezas que implicam longos horizontes temporais e consequências complexas [10]. Este facto tem grandes implicações na avaliação dos custos ambientais que podem ocorrer muito tempo depois de as decisões serem tomadas, os danos podem ocorrer noutros locais que não aqueles onde foram causados e os danos podem ter um efeito cumulativo nos ecossistemas e no ambiente. A motivação para utilizar uma abordagem baseada no tempo de vida para avaliar os custos totais do investimento reside no facto de muitos custos dos componentes estarem ocultos devido ao efeito de icebergue, ver figura abaixo. Avaliar e eliminar os custos através da conceção é uma tarefa vital para poder minimizar os custos. As simulações podem ser utilizadas para destacar os custos a jusante e dar-lhes a devida atenção no caso de decisões de investimento ou de substituição de componentes. A Figura 2.5 mostra que muitos custos não são visíveis se se considerarem apenas os custos de aquisição e que muitas das categorias de custos indicadas são variáveis por natureza.

A estimativa de custos no LCC pode ser efectuada através de várias técnicas. Com base nos seus méritos e deméritos, estas técnicas foram resumidas na tabela 2.1.

2.5.1 Cálculo probabilístico dos custos do ciclo de vida

Embora o cálculo do custo do ciclo de vida seja uma ferramenta popular utilizada para avaliar diferentes investimentos e custos, o método tem uma má reputação devido à sua complexidade e imprecisão para especificar o tempo, os factores económicos relevantes em termos de custos iniciais e custos futuros [10]. O CCV, enquanto método, apresenta limitações inerentes a questões que limitam os resultados e pressupostos completos, afirmando que toda a informação é conhecida e que os indivíduos são racionais. Para que o cálculo do custo do ciclo de vida possa apresentar resultados inequívocos que comprovem a sua superioridade em relação a outros métodos, deve incluir possibilidades de previsão de custos e de tratamento da incerteza. Se o âmbito da quantificação da incerteza for limitado, obtêm-se decisões erradas e sub-óptimas [49]. Para evitar esta situação, a modelação do CCV não deve simplificar as relações para parâmetros incertos, mas sim sistematizar o processo de identificação das incertezas e, em fases posteriores, efetuar uma análise de sensibilidade, em vez de obter causalidades demasiado simplificadas e demasiado distantes do custo que se pretende representar com o modelo.

Em comparação com os métodos determinísticos, a principal diferença de um PLCC é o facto de não haver possibilidade de rastrear as incertezas nas variáveis de entrada [50]. Além disso, ao não poder efetuar uma análise de sensibilidade que capte os riscos de um CCV, a abordagem determinística é bastante limitada. Se, em vez disso, se utilizar um método probabilístico, é possível obter uma imagem mais matizada dos custos totais, fornecendo ao decisor dados e uma visualização mais valiosos dos riscos, mas também dos próprios parâmetros de entrada, uma vez que é normalmente efectuada uma análise de sensibilidade.

A investigação anterior nesta área é realizada em vários domínios da ciência e da engenharia. As aplicações para os custos do ciclo de vida são de interesse para todos os activos ou sistemas de capital intensivo, com requisitos de fiabilidade e tempos de vida longos. Por conseguinte, é importante aprender com a investigação anterior e os modelos desenvolvidos, o que é apresentado a seguir.

O método de Zhang [51], que consiste em incorporar um sistema de monitorização do estado do sistema em tempo real para avaliar os custos do ciclo de vida, é uma aplicação ferroviária em que se encontram várias semelhanças com o sistema elétrico. Por exemplo, os elevados investimentos iniciais e a grande dependência das acções de manutenção estão muito relacionados com as interrupções de serviço. As falhas conduzem a custos elevados e a grandes problemas nas redes ferroviárias, bem como a grandes custos de penalização se a empresa ferroviária não cumprir a sua função. Zhang utiliza um modelo de redes de Petri (PN) que utiliza diferentes distribuições estatísticas para as falhas, mas não consegue lidar com as incertezas dos parâmetros de custo que não são estocásticos.

Quadro 2.1. Vantagens e desvantagens das técnicas de estimativa de custos

Técnica	Vantagens	Desvantagens
Relação paramétrica/estimativa de custos	Fornecimento de informações sobre o valor esperado e a confiança da previsão através de preditores estatísticos. Menor dependência das arquitecturas dos sistemas.	Grande dependência de dados históricos. Os atributos dos dados podem ser demasiado complexos para serem compreendidos. É difícil recolher dados e gerar relações de custo correctas durante o desenvolvimento do modelo de custos.
Analogia/ Comparativo/ Raciocínio baseado em casos	Confiança nos dados históricos. Menos complexo do que outros métodos. Poupança de tempo.	Subjetivo/preconceitos podem estar envolvidos Limitado a tecnologias maduras Nem sempre é possível encontrar programas de âmbito e complexidade semelhantes
Detalhado Construções de	Mais pormenorizado ao nível dos componentes através de	Recursos intensivos (tempo e mão de obra)

engenharia/ fundo Para cima	estruturas de repartição do trabalho Elevada visibilidade dos factores de custo	Pode não ter em conta os custos de integração do sistema
Parecer de peritos/Método Delphi	Disponível quando não existem dados suficientes, relações de custo paramétricas ou arquitecturas de sistema instáveis	Subjetivo/preconceito A influência/driver do custo pormenorizado pode não ser identificada A complexidade dos programas pode tornar as estimativas menos fiáveis.
Custeio baseado em actividades	Fornece um custo por unidade mais exato. Reconhece que os custos gerais não estão todos relacionados com o volume de produção e de vendas.	A redução nem sempre é Possível Custos de implementação elevados Tomada de tempo Dados intensivos

Nasir e Chong [52] utilizam uma rede neural profunda para formar um modelo de previsão dos custos do ciclo de vida, comparando os custos de reparação e os custos de aquisição. Este método requer muitos dados de formação, mas é uma boa opção para captar relações entre parâmetros de entrada e inclui a incerteza nas variáveis de entrada, mas carece da utilização de distribuições para os diferentes custos. Este facto é, no entanto, compensado pela abordagem de modelização da lógica difusa. O principal ponto forte da modelização por redes neuronais profundas que pode ser transposto para o domínio do sistema de energia é a capacidade do modelo para, sem grande conhecimento do próprio sistema, ser capaz de otimizar o modelo com base em dados de treino. A desvantagem da investigação de Nasir e Chong é o facto de não considerar uma avaliação sintética da economia e da tecnologia. Biann et al. [14] fizeram uma tentativa de resolver esta questão e apresentaram uma avaliação abrangente da análise probabilística que utiliza um método de Monte Carlo para avaliar as incertezas dos parâmetros de entrada, mas também dá especial atenção aos parâmetros macroeconómicos, como a inflação, e o modelo utilizado também inclui uma variabilidade na taxa de desconto. Esta abordagem dá uma visão valiosa de uma aplicação prática no domínio do sistema elétrico, mas o modelo apresentado tem a desvantagem de utilizar apenas dados médios para as falhas, o que significa que não existe um método estocástico para lidar com as falhas.

Battle et al. [13] destacam um dos aspectos fundamentais do cálculo probabilístico dos custos do ciclo de vida: a diferença de desempenho entre as tecnologias. Com este modelo técnico-económico, é possível calcular os custos do ciclo de vida para diferentes desempenhos da tecnologia e variações dentro das tecnologias. No domínio dos sistemas de energia, este modelo pode ser utilizado para comparar diferentes decisões de investimento, uma vez que diferentes tecnologias resultam em diferentes custos do ciclo de vida. A abordagem de modelação também pode ser utilizada para representar a variabilidade dentro da "mesma" tecnologia ou entre diferentes fabricantes.

Zhu et al. [53] fornecem uma metodologia alargada para avaliar os custos ao comparar uma bomba de calor geotérmica. Consideram o quadro regulamentar e os incentivos na abordagem probabilística. A investigação peca pelo facto de não existir uma forma sistemática de decidir as funções de distribuição e a sua relação com a sensibilidade da produção.

Vithayasrichareon et al. [54] apresentam um exemplo prático de correlação entre parâmetros incertos utilizando distribuições lognormais multivariadas entre diferentes combustíveis e salientam a importância do desvio-padrão no resultado (resultados LCC). Os resultados são diretamente aplicáveis a muitas decisões de investimento em que a correlação entre parâmetros de entrada está presente e, ao gerar uma distribuição multivariada, é possível captar as correlações subjacentes entre variáveis.

Frangopol et al. [12] combinam um modelo de deterioração e um modelo de decisão através da combinação de um processo de decisão de Markov (MDP) com um modelo de Monte Carlo para otimizar a manutenção e, ao mesmo tempo, minimizar o custo total do ciclo de vida. O modelo utilizado inclui parâmetros de entrada distribuídos e um processo de renovação e um processo de deterioração.

2.6 Resumo da análise da literatura

A revisão da literatura apresentada nas secções anteriores pode ser resumida da seguinte forma:

i.   O TSS apresenta uma solução viável para resolver a atual crise energética, armazenando subtilmente a energia e explorando-a quando necessário.

ii.   A co-geração de refrigeradores eléctricos com tanques TES constitui uma opção viável para aumentar a eficiência dos TSS durante as horas de vazio e de carga.

iii.   Entre os vários tipos de chillers, os chillers de compressão de vapor accionados eletricamente são bem adequados para fins de co-geração com o tanque TES.

iv.   O CCV é uma ferramenta essencial e viável para avaliar um SST. Sujeito às limitações das técnicas de CCV, o CCV probabilístico poderia incorporar os elementos de incerteza, que são características dos SCT.

CAPÍTULO 3

METODOLOGIA

3.1 Visão geral

A abordagem adoptada para esta investigação é ilustrada na figura 3.1. O projeto começou com uma análise aprofundada da literatura publicada relacionada com o custo do ciclo de vida (CCV). O modelo foi depois alargado ao CCV probabilístico. O modelo probabilístico desenvolvido foi utilizado para um estudo de caso. Este capítulo foi dividido em seis subsecções que incluem o desenvolvimento do modelo na secção 3.2. A secção 3.3 apresenta o modelo de CCV e o cálculo dos custos do ciclo de vida é apresentado na secção 3.4. A secção 3.5 apresenta o cálculo probabilístico dos custos do ciclo de vida. A secção 3.6 apresenta uma análise do limiar de rentabilidade.

3.2 Desenvolvimento de modelos

O principal objetivo deste estudo de investigação é desenvolver um modelo probabilístico de LCC para a central de GDC que contém um refrigerador elétrico (EC) e um tanque de armazenamento térmico (TES) na Universiti Teknologi PETRONAS. A abordagem adoptada adopta um modelo básico de LCC, combinando o EC e o TES utilizados nas operações da central GDC. Este modelo básico é depois alargado a um modelo probabilístico. No início, é desenvolvido um modelo MATLAB para o cálculo do CCV, adoptando o conceito de valor atual líquido (VAL). Este modelo desenvolvido tem em conta o facto de o equipamento não ser imune ao envelhecimento e poder necessitar de substituição no final do período de vida útil. Após o desenvolvimento do modelo, foram utilizados dados da fábrica da GDC para um estudo de caso, com base no EC e no TES disponíveis na fábrica da GDC.

3.3 Modelo LCC

O domínio temporal do modelo proposto é de 30 anos. As equações básicas que regem o modelo são as equações 3.1. e 3.2 [55].

$$NPV_{FV} = FV.\left[\frac{1}{(1+i)^N}\right] \tag{3.1}$$

$$NPV_{AV} = AV.\left[\frac{(1+i)^N - 1}{i.(1+i)^N}\right] \tag{3.2}$$

Em que i. se refere à taxa de juro e N se refere ao número de anos.

O modelo básico de CCV que foi adotado é o da equação 3.3 [55]. Aqui, o custo e a receita são avaliados empregando as equações 3.1. e 3.2.

$$LCC = \sum Revenue - \sum Cost \tag{3.3}$$

As receitas são os montantes obtidos anualmente através da venda de água refrigerada da empresa de serviços públicos ou do salvamento de equipamento antigo, enquanto os custos são os montantes associados ao CAPEX e ao OPEX da fábrica, que incluem a manutenção, substituição, custo operacional, etc.

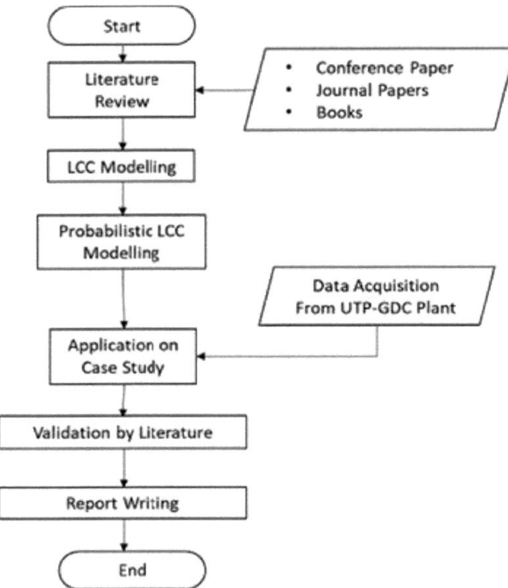

Figura 3.1: Metodologia geral da investigação.

O código numérico MATLAB foi utilizado para o modelo. O fluxograma para o desenvolvimento do modelo MATLAB foi incluído na Figura **3.2**. Os dados necessários para o estudo de caso foram adquiridos da fábrica da UTP GDC.

3.4 Cálculo do custo do ciclo de vida

Os dados são recolhidos da central UTP GDC e incluem os custos e as receitas de funcionamento. Prevê-se que os dados tenham informações em falta que precisam de ser estimadas antes do cálculo do custo do ciclo de vida (LCC). Para este efeito, a estimativa destes valores é feita com base em alguns pressupostos, como a média corrente, etc. Os dados fornecidos no estudo de caso são de um tipo diferente que não é adequado para a análise do Valor Atual Líquido (VAL) e precisam de ser convertidos numa forma anual para os cálculos do CCV. Os dados são então segregados em custos e receitas para simplificar o modelo, seguindo-se a sua conversão em valor atual a partir do seu tipo original, ou seja, anual e futuro. Depois disso, o custo total e a receita total são calculados através da soma de todos os custos e receitas. Para o cálculo probabilístico do CCV, o custo total e a receita total são multiplicados por uma probabilidade aleatória. O custo e a receita resultantes são então subtraídos para obter o CCV probabilístico, com base no qual o sistema é analisado.

Para os SST, a equação que rege os custos e as receitas é dada pela equação 3.4 e pela equação 3.5, respetivamente.

$$\text{Cost}_{\text{TSS}} = \sum_{j=1}^{n_{EC}} \sum_{i=1}^{m} \text{Cost}_{EC} + \sum_{j=1}^{n_{TES}} \sum_{i=1}^{m} \text{Cost}_{TES} \qquad (3.4)$$

O *custo$_{EC}$* representa o custo de um único chiller elétrico, somado para ter em conta os vários chillers n_{EC} a funcionar na fábrica, enquanto o *custo$_{TES}$* representa o custo do TES, também somado para as várias unidades n_{TES} .

$$\text{Revenue}_{TSS} = \sum_{j=1}^{n_{EC}} \sum_{i=1}^{m} \text{Revenue}_{EC} + \sum_{j=1}^{n_{TES}} \sum_{i=1}^{m} \text{Revenue}_{TES} \qquad (3.5)$$

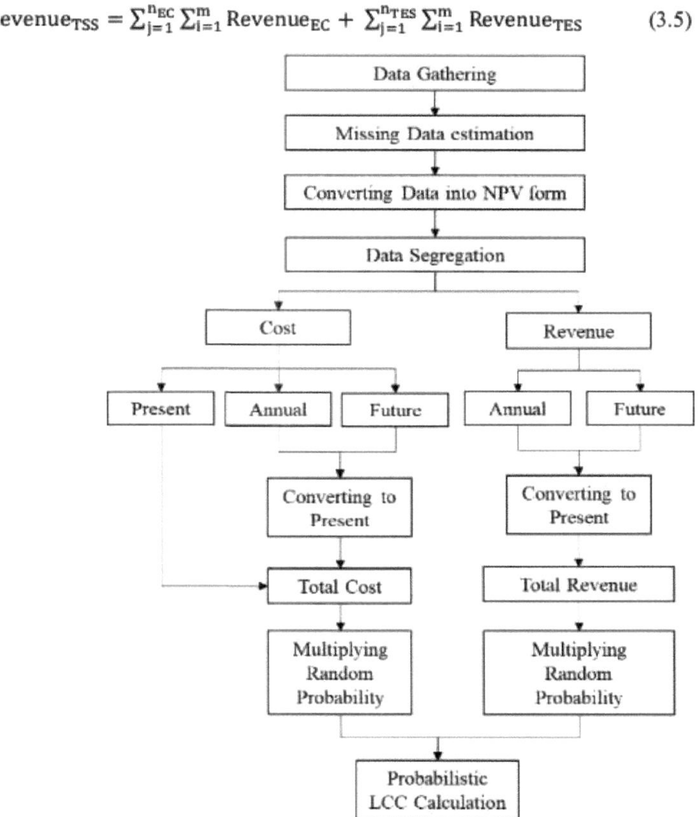

Figura 3.2: Um fluxograma para o cálculo do LCC através do modelo MATLAB.

Do mesmo modo, a *receita*$_{EC}$ representa a receita de um único chiller elétrico, tendo sido somada para vários chillers n_{EC} a funcionar na fábrica, enquanto *a receita*$_{TES}$ representa a receita total para n_{TES} .

O custo de um SST inclui CAPEX e OPEX. O CAPEX é simplesmente o investimento efectuado para o EC, TES e outro equipamento, enquanto o OPEX se refere aos custos operacionais envolvidos (manutenção, utilidades, etc.). Nas subsecções seguintes, os custos envolvidos nos chillers eléctricos (caso 1) e no TES (caso 2) foram explicados separadamente, seguidos da descrição dos custos totais envolvidos no SST (caso 3).

O custo dos chillers eléctricos não está disponível para todas as capacidades, pelo que o custo dos chillers eléctricos utilizados no estudo de caso será estimado utilizando a técnica de dimensionamento da potência, que é amplamente utilizada para fins semelhantes [55]. A técnica de dimensionamento da potência é dada pela equação (3.6),

$$\frac{Cost_{EC_1}}{Cost_{EC_2}} = \left(\frac{Capacity_{EC_1}}{Capacity_{EC_2}}\right)^X \qquad (3.6)$$

Em que X representa o rácio entre o custo e a capacidade. Que é considerado como sendo 1, assumindo uma relação de custo linear.

3.4.1 Caso 1- consideração dos custos envolvidos para os refrigeradores eléctricos

Em geral, o custo de um CE pode ser dado pela equação 3.7.

$$Cost_{EC_1} = CAPEX_{EC_1} + OPEX_{EC_1}$$

$$Cost_{EC_1} = C_{I_1} + \left[\sum_{i=1}^{n} OC_{i_1} + \sum_{i=1}^{n} MC_{i_1}\right] \tag{3.7}$$

Onde, $Custo_{ECi}$ apresenta o custo para um único chiller, OC apresenta o custo operacional enquanto MC apresenta o custo de manutenção. Para múltiplos EC com diferentes utilizações de capacidade, a equação poderia ser escrita como:

$$Cost_{EC} = Cost_{EC_1} + Cost_{EC_2} + \cdots + Cost_{EC_n}$$

Ou mais genericamente como:

$$Cost_{EC} = \sum_{j=1}^{n_{EC}} C_{I_j} + \left[\sum_{j=1}^{n_{EC}} \sum_{i=1}^{n} OC_{i_j} + \sum_{j=1}^{n_{EC}} \sum_{i=1}^{n} MC_{i_j}\right] \tag{3.8}$$

Onde, $Custo_{EC}$ é o somatório dos custos para n tipos de custos, sejam eles operacionais ou de manutenção (avaria, revisão), enquanto n_{EC} se refere ao número de chillers eléctricos com diferentes capacidades de utilização.

3.4.2 Caso 2- Custos envolvidos para o TES

Para o reservatório TES, a equação geral para a estimativa do custo pode ser calculada através da equação 3.9:

$$Cost_{TES} = CAPEX_{TES} + OPEX_{TES}$$

$$Cost_{TES} = C_{I_1} + \left[\sum_{i=1}^{n} OC_{i_1} + \sum_{i=1}^{n} MC_{i_1}\right] \tag{3.9}$$

O C_{ITES} apresenta o custo inicial, enquanto o OC_{iTES} apresenta o custo operacional do TES e o MC_{iTES} representa o custo de manutenção.

Da mesma forma, os custos de múltiplos TES podem ser escritos como:

$$Cost_{TES} = Cost_{TES_1} + Cost_{TES_2} + \cdots + Cost_{TES_n}$$

Ou mais genericamente como:

$$Cost_{TES} = \sum_{j=1}^{n_{TES}} C_{I_j} + \left[\sum_{j=1}^{n_{TES}} \sum_{i=1}^{n} OC_{i_j} + \sum_{j=1}^{n_{TES}} \sum_{i=1}^{n} MC_{i_j}\right] \tag{3.10}$$

Onde, $Custo_{TES}$ é o somatório dos custos para n tipos de custos operacionais ou de manutenção (avaria, revisão e utilitários) enquanto n_{TES} se refere ao número de chillers eléctricos com diferentes capacidades de utilização.

O caso 3, que apresenta a soma dos custos do TES e dos chillers eléctricos ou simplesmente o custo total para o TSS completo, foi definido abaixo:

3.4.3 Caso3- Custo total do SST

O custo dos SST será agora calculado com base na seguinte equação (3.11).

$$LCC_{TSS} = \sum_{j=1}^{n_{EC}} Cost_{EC} + \sum_{j=1}^{n_{TES}} Cost_{TES}$$

$$LCC_{TSS} = \sum_{j=1}^{n_{EC}} C_{I_j} + \sum_{j=1}^{n_{EC}} \sum_{i=1}^{n} OC_{i_j} + \sum_{j=1}^{n_{EC}} \sum_{i=1}^{n} MC_{i_j} + \sum_{j=1}^{n_{TES}} C_{I_j} \tag{3.11}$$

É importante mencionar aqui que o CO para o TES é insignificante em comparação com o CE. Por conseguinte, neste estudo apenas foi considerado o CO para os chillers.
O funcionamento do modelo LCC na fábrica GDC é apresentado na Figura 3.3.

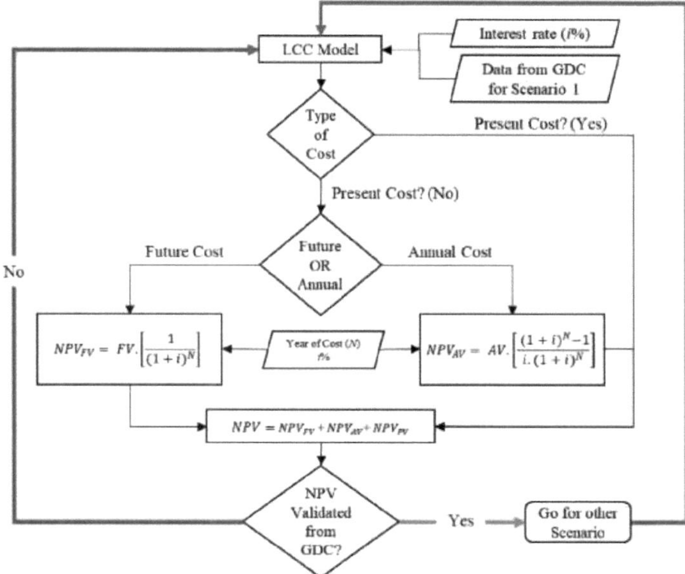

Figura 3.3: Enquadramento do modelo LCC utilizado no projeto.

3.5 Formulação do cálculo probabilístico dos custos do ciclo de vida

Em cenários reais, o equipamento não funciona sempre no pico devido ao facto de a procura não ser sempre a mesma e poder variar com o tempo de funcionamento. O mesmo se aplica ao chiller elétrico e ao tanque de armazenamento térmico, em que a procura de água refrigerada pode variar com o tempo. Por esta razão, é necessário incorporar a probabilidade associada para ter em conta a variação das operações. A estimativa dos custos adoptou o conceito de média móvel (ou corrente) para os últimos dois anos. A média móvel é um indicador bem estabelecido que ajuda a suavizar a ação do preço, filtrando o ruído dos dados. Utilizando esta formulação matemática, a probabilidade correspondente a um aumento diferente do custo em relação ao ano anterior pode ser determinada pela seguinte fórmula:

$$OC(ij) = \frac{OC_{i-1,j} + OC_{i-2,j}}{2} . P_i \tag{3.12}$$

onde,

$$P_i = 1 + \frac{RAN}{2} ; 0 \leq RAN \leq 0.2 \tag{3.13}$$

Para a equação (3.12), é necessário ter em consideração a aleatoriedade dos aumentos/inflações que ocorreram nos últimos dois anos. Por este motivo, foi considerado um fator de aumento ou de inflação, multiplicando P_t pelo custo de exploração. O *RAN* na fórmula P_t é assumido entre 0 e 0,2, uma vez que se considera que a aleatoriedade da probabilidade não excederá 20% do último ano.
Esta equação demonstra a estimativa do custo aleatório com o fator médio de dois anos

consecutivos anteriores. Mas se considerarmos que o primeiro e o segundo anos são desconhecidos para os chillers recém-instalados, então será estimado utilizando as seguintes correlações:

Para o primeiro ano, sendo *o anoj_2* ,

$$OC_{i-2,j} = x\%.CAPEX \quad ;x \approx 10\% \tag{3.14}$$

No primeiro ano, espera-se que o chiller funcione com um custo de funcionamento que representa uma percentagem predefinida do CAPEX.

Agora, para o custo do *ano_{ij}* ; o custo é estimado da seguinte forma:

$$OC_{i-1,j} = x\%.CAPEX.(1 + P_{i-1}) \tag{3.15}$$

Substituindo a equação 3.14 em 3.15,

$$OC_{i-1,j} = OC_{i-2,j}.(1 + P_{i-1}) \tag{3.16}$$

Na equação acima, o fator tem em consideração a aleatoriedade dos custos envolvidos, tal como explicado anteriormente.

Incorporando a probabilidade na equação (4.13) e na equação (4.14), o custo esperado e *a receita* esperada *para o TSS são os seguintes*

$$Expected\ profit_{TSS} = Expected\ Revenue_{TSS} - LCC_{TSS} \tag{3.17}$$

$$Expected\ profit_{TSS} = Revenue_{TSS}(x) \ .p_r(x) \ - \sum_{j=1}^{n_{EC}} C_{I_j} +$$

$$\left[\sum_{j=1}^{n_{EC}} \sum_{i=1}^{n} (OC(x)_{i_j}.p_c(x)_j) + \sum_{j=1}^{n_{EC}} \sum_{i=1}^{n} (MC(x)_{i_j}.p_c(x)_j) \right] + \sum_{j=1}^{n_{TES}} C_{I_j}$$

$$\tag{3.18}$$

Em que a receita é calculada multiplicando a quantidade de água refrigerada (RTh) pela sua taxa (RM/RTh), conforme indicado na equação abaixo:

$$Revenue_{TSS} = Amount\ of\ Chilled\ Water\ (RTh) * Rate\ \left(\frac{RM}{RTh}\right) \tag{3.19}$$

3.6 Análise económica da vida

O montante do CAPEX é dividido pelos anos seguintes utilizando a equação (4.17). O lucro é então calculado após a incorporação do montante de CAPEX numa base anual. A vida económica é atingida quando o valor do lucro intersecta a linha zero e o lucro se torna positivo. A vida económica indica o número mínimo de anos após os quais o projeto começa a gerar lucros e recupera com êxito o montante do CAPEX.

$$AW = PW.\frac{1}{\frac{(1+i)^N-1}{i(1+i)^N}} \tag{3.20}$$

3.7 Pressupostos do projeto

As hipóteses adotadas durante o estudo são enumeradas a seguir:

i.   O horário do turno único é de 12 horas.

ii.   A aleatoriedade associada à alteração das taxas dos serviços públicos e das tarifas não aumenta mais de 20% em relação ao ano passado.

iii.   Não há nenhuma condição em que estes montantes diminuam em relação ao ano transato.

iv.   Assume-se que a taxa de juro se mantém em 10% durante todo o projeto.

v.   A vida útil do CE é de 10 anos e a do TES é de 30 anos. Por conseguinte, o tempo de vida A duração do projeto em questão é de 30 anos.

vi.   O valor de salvamento não é considerado no estudo.

RESULTADOS E DISCUSSÃO

4.1 Visão geral

O modelo proposto baseia-se numa configuração típica de um sistema de armazenamento térmico constituído por chillers eléctricos (EC) e um depósito de armazenamento de energia térmica (TES). As equações básicas de valor atual líquido foram adoptadas para o modelo LCC básico. O modelo foi então expandido para incluir os fatores probabilísticos, levando em consideração as mudanças nos elementos de custo com o tempo. O MATLAB®-2018a foi utilizado para programar numericamente o model.

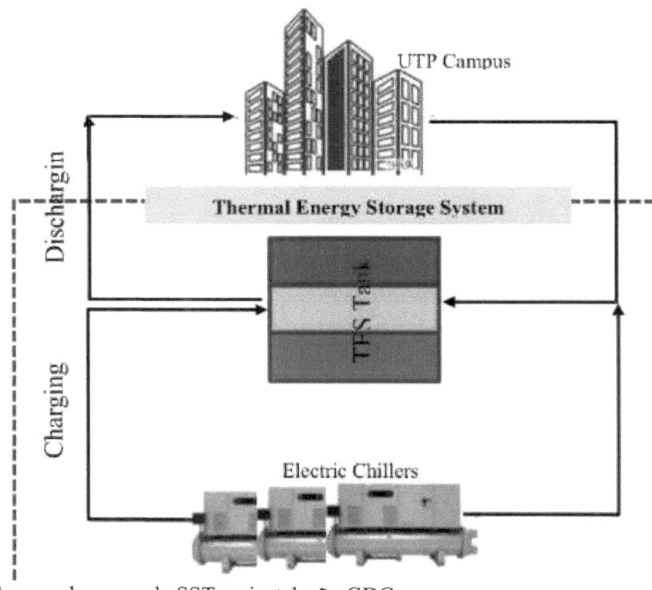

Figura 4.1: Carga e descarga de SST na instalação GDC

4.2 Estudo de caso para TSS na fábrica GDC da UTP

A central GDC é constituída por um depósito de armazenamento térmico, designado por TES, e três chillers eléctricos, designados por EC nesta dissertação. Para este projeto de investigação, são considerados dois cenários distintos com base num número de turnos de funcionamento. Os dois cenários considerados são (i) um único turno de funcionamento e (ii) dois turnos de funcionamento. A Figura 4.1 mostra a carga e descarga do sistema de armazenamento térmico na fábrica da GDC.

4.2.1 Recolha de dados e pré-processamento

Os dados iniciais são recolhidos na fábrica de GDC situada na Universiti Teknologi PETRONAS (UTP) e são apresentados a seguir, de acordo com o cenário considerado:

Table 1   1 mostra a produção média de SST instalada no sistema de arrefecimento distrital a gás da Universiti Teknologi PETRONAS, Perak, Malásia. A produção horária é de 325 RTh.

Tabela 4.1: Produção média de chillers eléctricos na fábrica da UTP GDC.

TSS	Produção por dia (RTh/dia)
Total	13,650

Table 2   2 mostram o consumo elétrico médio do SST instalado no Gas District Cooling na Universiti Teknologi PETRONAS, Perak, Malásia. A potência necessária para produzir 1 RTh de água refrigerada é de 0,8 kWh (0,8 kWh/RTh).

Tabela 4.2: Consumo médio de eletricidade dos chillers eléctricos na fábrica da UTP GDC.

TSS	Por dia Consumo (kWh/dia)
Total	3,145

O consumo médio de eletricidade é multiplicado pelas tarifas de eletricidade para as indústrias da TNB, Malásia. As tarifas para a hora de ponta e para as operações fora de ponta são de 0,288 RM/kWh e 0,173 RM/kWh, respetivamente. Para o cenário 1 (um turno de 14 horas), apenas são consideradas as tarifas da hora de ponta. Para o cenário 2 (dois turnos de funcionamento), considera-se que um turno funciona em carga de ponta e o outro turno funciona em horas de vazio. O consumo é convertido numa base anual para utilização no modelo proposto.

O custo da mão de obra associado aos dois cenários considerados é apresentado na Tabela 4.3. As despesas salariais são convertidas numa base anual, multiplicando-as por 12 meses. O salário considerado também inclui um multiplicador de benefícios e subsídios de 2,2, de acordo com as políticas da fábrica da GDC. O montante do CAPEX para a aquisição e instalação de TES e EC é apresentado no quadro 4.4.

Tabela 4.2: Custo da mão de obra para o SST.

Trabalho	Salário (RM/mês)
Engenheiro	6,000
Técnico	3,000
Total	9,000

Tabela 4.3: CAPEX associado aos SST.

CAPEX	Investimento inicial
TES (10.000 RTh)	9,000,000
CE (três)	3,300,000

O custo de manutenção recorrente retirado da fábrica da GDC também é utilizado para o estudo, como indicado no Quadro 4.5.

4.2.2 Operação de turno único

A viabilidade do projeto foi verificada tendo em conta os turnos de funcionamento simples e duplo. No primeiro caso, a operação de um turno é considerada para o modelo LCC, a fim de obter a viabilidade da operação de um turno para o projeto. Os dados foram primeiro organizados numa base anual, considerando que o montante não está a mudar e é constante. Este cenário de turno de 14 horas é atualmente utilizado pela fábrica da GDC para as suas operações diárias. O diagrama do fluxo de caixa é apresentado na Figura 4.2.

Tabela 4.4: Custo de manutenção associado ao SST.

Secção	Total (RM)
Serviço mensal	211,300.00
Serviço anual	183,690.00

Limpeza de tubos	83,000.00
Limpeza química	7,670.00

Para o caso acima mencionado, foi realizada uma análise da vida económica para determinar o momento em que o projeto atingirá a linha de lucro zero e o montante do CAPEX será anulado. A Figura 4.3 mostra a análise da vida económica. A análise da vida económica mostra que, para o caso acima mencionado, a vida económica é atingida após 5 anos de funcionamento. É de notar que, de sete em sete anos, está planeada uma grande revisão que exige CAPEX adicionais.

Outra tarefa é programada utilizando o conceito de probabilidade discutido em pormenor no Capítulo 3, que introduz custos e receitas que variam aleatoriamente para ter em conta as flutuações da vida quotidiana. Isto deve-se à variação da procura de produção de água refrigerada, à tarifa de fornecimento de eletricidade da TNB, etc. A manutenção de avarias inesperadas também é uma razão para o facto de o chiller estar a funcionar em plena capacidade. É uma tarefa essencial prever a variação contínua como receita para a estimativa probabilística do custo do ciclo de vida. O fluxo de caixa para este método é apresentado na Figura 4.4 e a análise económica da vida útil é apresentada na Figura 4.5. A análise da vida económica para a abordagem baseada em probabilidades mostra que a vida económica é atingida após 4th anos de funcionamento.

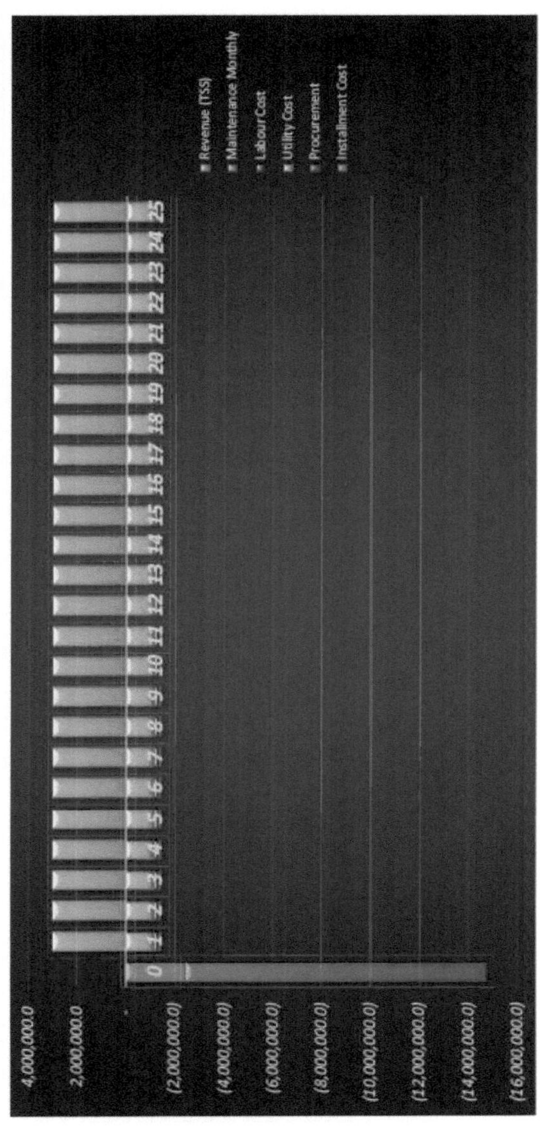

Figura 4.2: Diagrama de fluxo de caixa para um único turno (valores constantes)

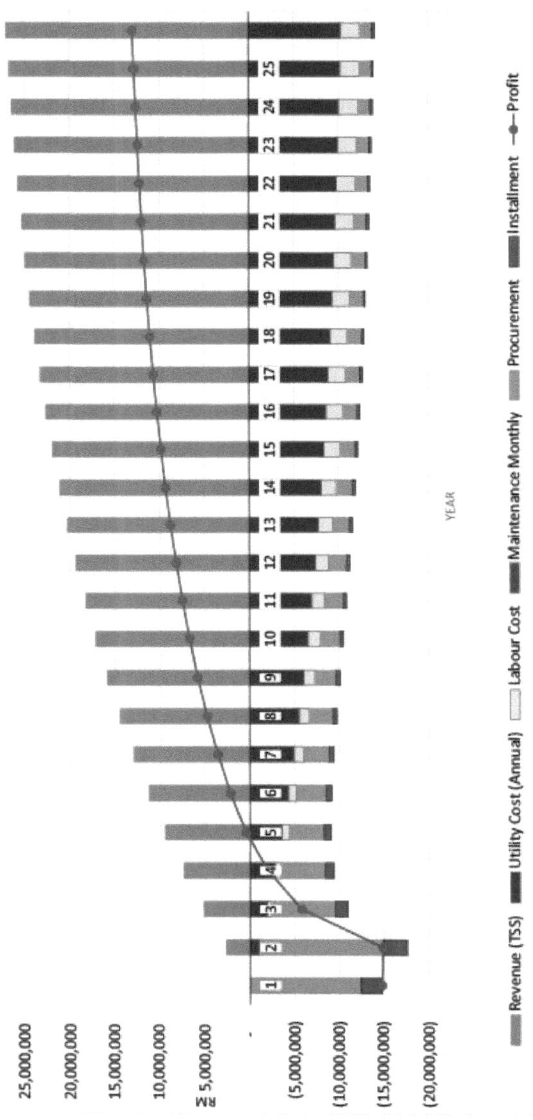

Figura 4.3: Análise económica da vida para um único turno (valores constantes)

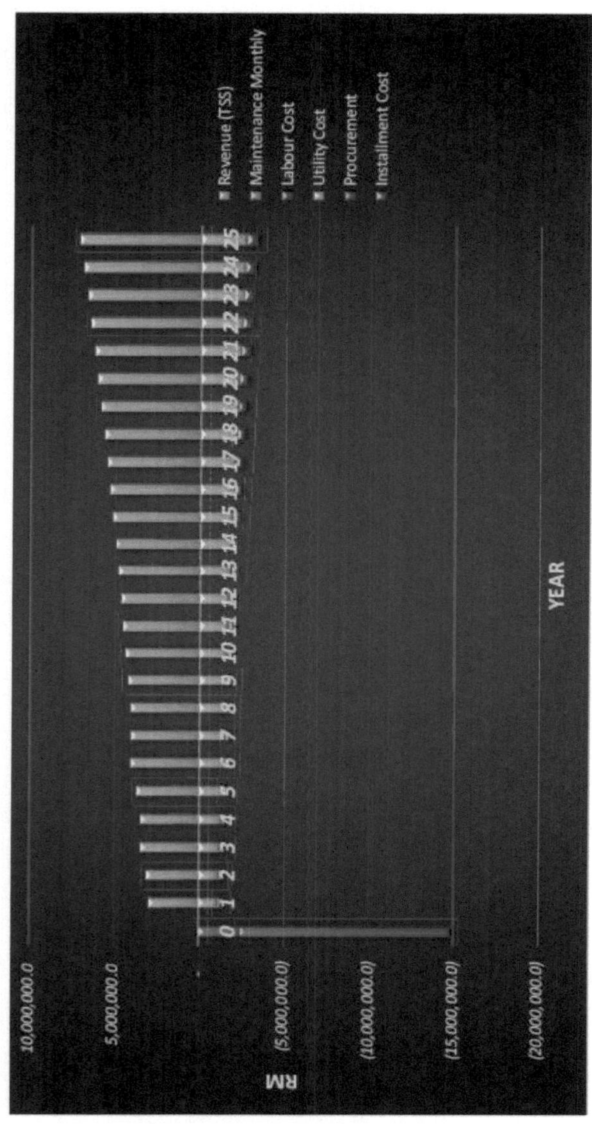

Figura 4.4: Diagrama de fluxo de caixa para um turno único (abordagem baseada em probabilidades)

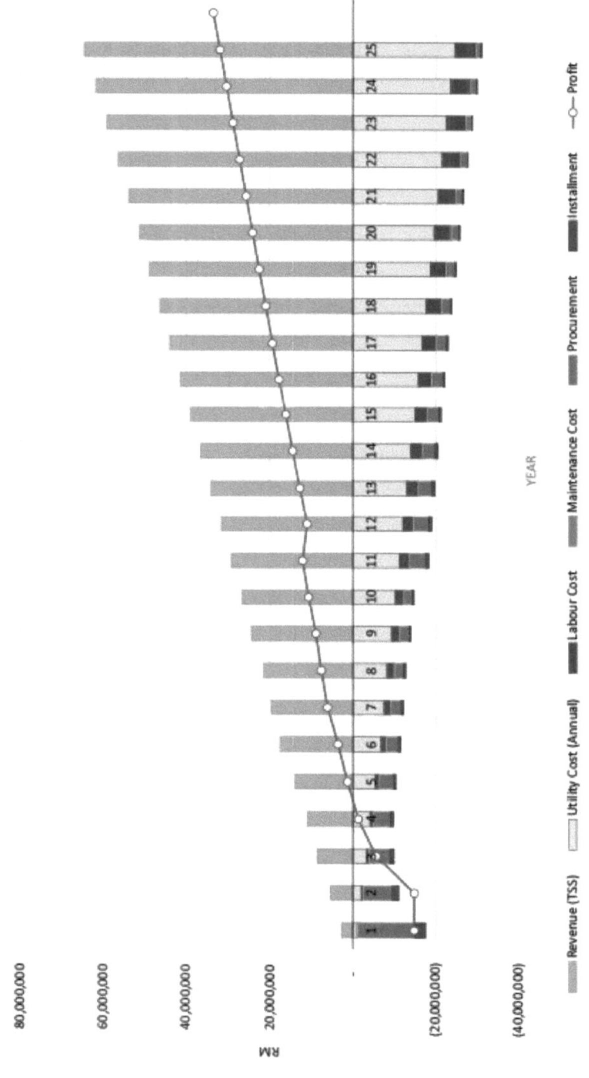

Figura 4.5: Análise económica da vida para um único turno (abordagem baseada na probabilidade).

4.2.3 Operação de dupla deslocação

A operação de dois turnos é agora considerada para observar a viabilidade do projeto, a fim de verificar se dois turnos podem ser mais benéficos do que um único turno. Os dados foram primeiro organizados numa base anual, considerando que o montante não está a mudar e é constante. O diagrama do fluxo de caixa é apresentado na Figura 4.8. A análise da vida económica para o caso acima mencionado é apresentada na Figura 4.9.

A análise da vida económica para este cenário, com valores constantes de custos e receitas, deu uma vida económica de 3rd anos de funcionamento, o que é inferior ao funcionamento num único turno. Este montante pode ser gerado pelo lucro obtido com as vendas de água refrigerada. Isto mostra que o funcionamento em dois turnos parece ser mais viável para a fábrica GDC. Este cenário pode ser utilizado para aumentar os lucros.

O conceito de probabilidade é também utilizado para o fluxo de caixa e para a análise da vida económica apresentados na Figura 4.10 e na Figura 4.11. A análise da vida económica para a abordagem baseada em probabilidades mostra que a vida económica é atingida após 2nd anos de funcionamento. A análise da vida económica para a abordagem baseada em probabilidades não reduz os anos do ponto de vida económica e continua a ser a mesma. No entanto, este facto aumenta o lucro após a incorporação de CAPEX adicionais. Esta abordagem é muito melhor do que os valores constantes dos casos discutidos no passado, uma vez que tem em conta as flutuações da vida real.

4.3 Comparação entre CCL e CCL probabilístico

No presente estudo, os modelos LCC e LCC probabilístico foram implementados nos dados da fábrica GDC para operações de um e dois turnos. O modelo LCC foi considerado em primeiro lugar, tendo em conta todos os custos e receitas envolvidos na operação do TSS. Após a aplicação do modelo LCC, verificou-se que a operação em dois turnos é melhor do que a operação num único turno. No entanto, para o modelo LCC, as incertezas associadas aos serviços públicos e ao preço do combustível não foram tidas em conta.

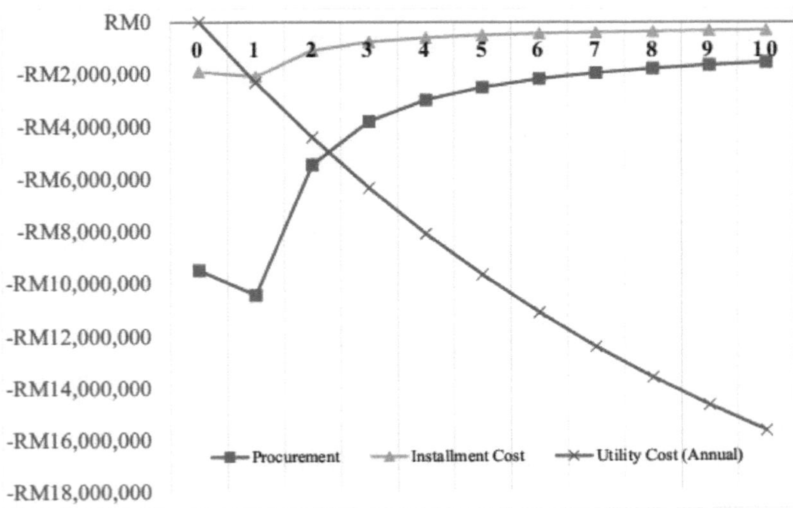

Figura 4.6: Análise económica da vida para um único turno (abordagem baseada na probabilidade)

36

O segundo passo foi considerar as incertezas para que o modelo possa representar as operações da vida real com a alteração do preço do combustível e das taxas tarifárias. Estas incertezas foram consideradas apenas crescentes, uma vez que afectam a análise da vida económica e a viabilidade do projeto, como se mostra na Figura 4.6. Considera-se que os custos dos serviços de utilidade pública aumentam com os anos de funcionamento, como já foi referido.

Os resultados mostram que, depois de considerar as incertezas, o sistema ainda é viável para operações em dois turnos. O estudo recomenda que a fábrica de TSS seja operada em dois turnos para obter vida económica mais cedo e ter mais lucro.

4.3.1 Custo de oportunidade

A figura 4.7 mostra o custo de oportunidade que pode ser obtido se for utilizado um cenário de dois turnos. A figura mostra que, embora a operação de um turno seja viável e apresente lucros após 3 anos quando as incertezas são consideradas, a operação de dois turnos proporciona mais lucros, que também começam mais cedo. A operação de dois turnos será benéfica para a obtenção de mais lucros com início mais cedo em comparação com o turno único.

4.4 Conclusão

Em conclusão de todos os casos discutidos, pode concluir-se que uma operação de dois turnos é mais viável. O custo de oportunidade também apoia a operação em dois turnos. As tendências observadas no presente estudo mostram uma boa concordância com os cálculos da fábrica da GDC. A fábrica da GDC reconhece os resultados na carta anexa ao apêndice.

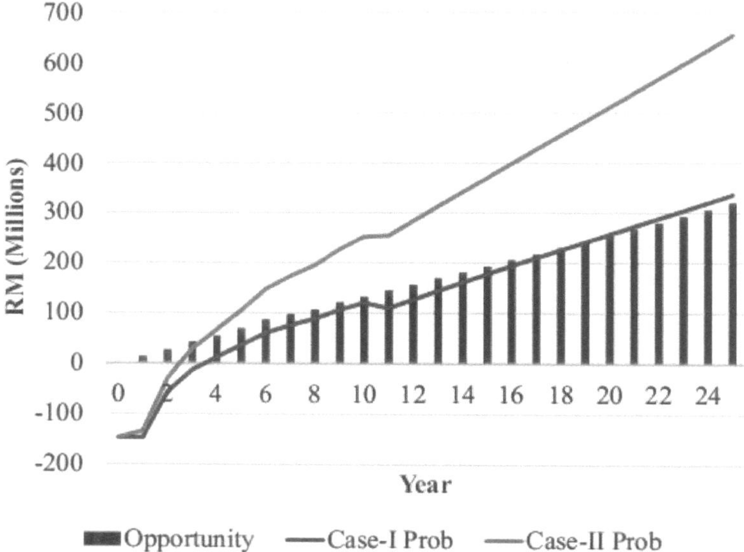

Figura 4.7: Custo de oportunidade para operações de um e dois turnos

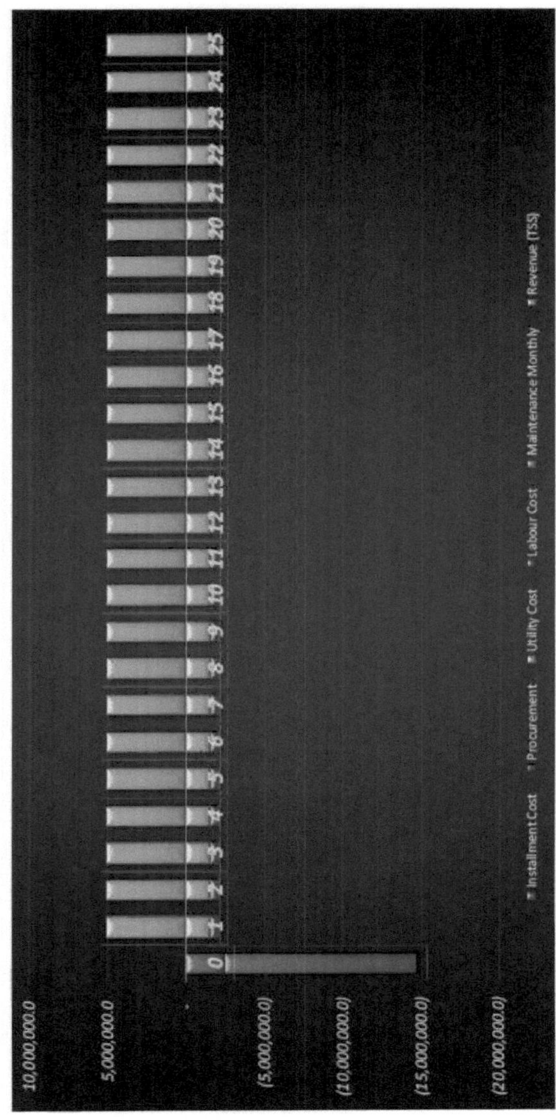

Figura 4.8: Diagrama de fluxo de caixa para dois turnos (valores constantes)

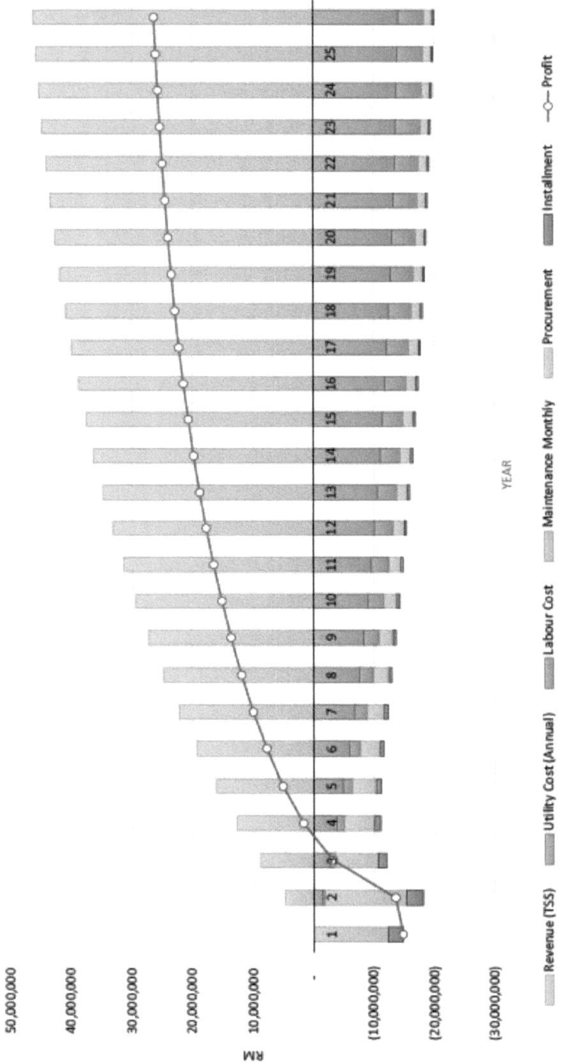

Figura 4.9: Análise económica da vida para dois turnos (valores constantes)

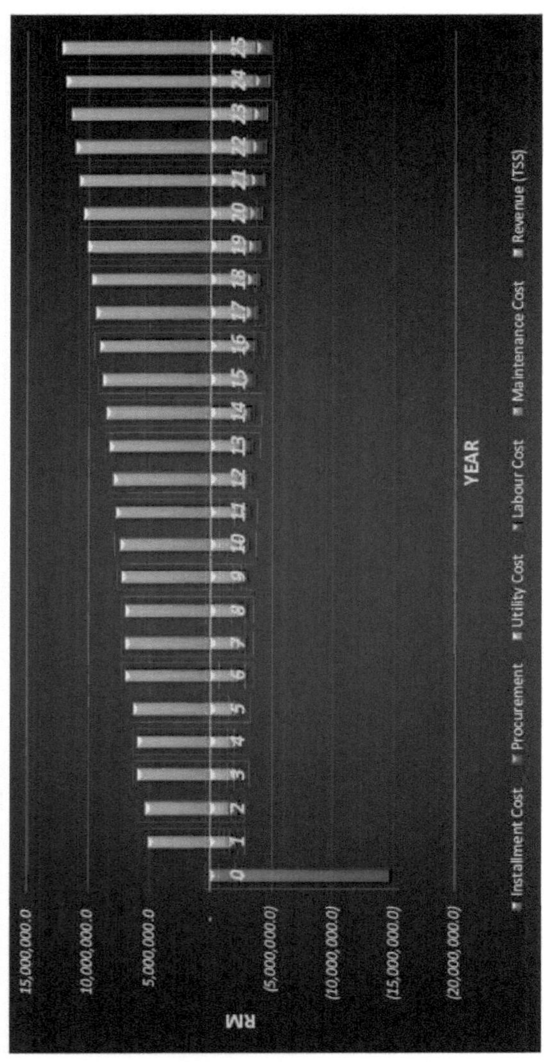

Figura 4.10: Diagrama de fluxo de caixa para dois turnos (abordagem baseada em probabilidades)

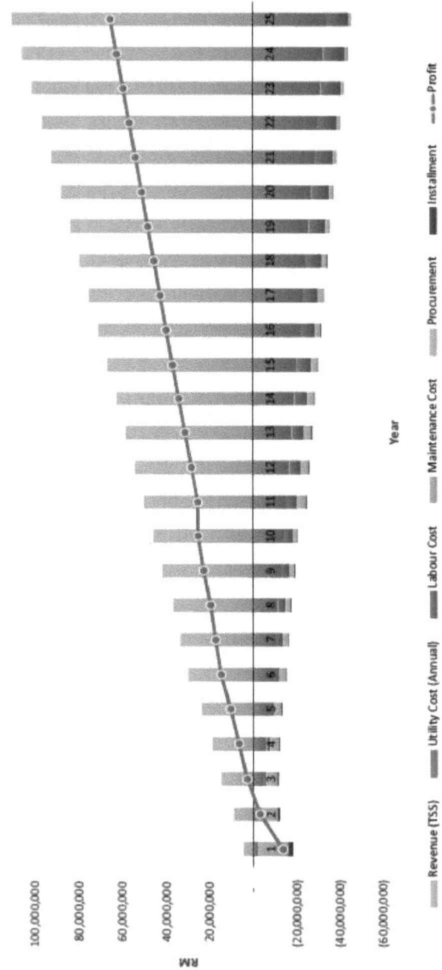

Figura 4.11: Análise económica da vida para dois turnos (abordagem baseada na probabilidade)

CONCLUSÃO E RECOMENDAÇÃO

5.1 Visão geral

Foi desenvolvido um modelo LCC capaz de ter em conta a aleatoriedade associada às incertezas da vida quotidiana, o que serve o primeiro objetivo do projeto. O modelo LCC foi então aplicado à fábrica GDC localizada na Universiti Teknologi PETRONAS, Perak, Malásia. Este capítulo apresenta as conclusões e recomendações futuras postuladas pelo presente estudo.

5.2 Conclusões

Neste estudo, foi utilizado um CCL probabilístico para investigar o desempenho de um SST constituído por vários chillers eléctricos e um tanque TES localizado na fábrica GDC, UTP. A ferramenta matemática MATLAB foi utilizada para auxiliar os cálculos. As observações finais que podem ser extraídas deste relatório são:

i.   Para um único turno, a análise do ponto de equilíbrio sem a aplicação da abordagem probabilística atinge um ponto de equilíbrio após 5th anos de funcionamento. Além disso, para a abordagem baseada em probabilidades, os resultados mostram que o ponto de equilíbrio é atingido no 4th ano de funcionamento.

ii.   Para as operações de dois turnos, foi efectuada a análise do ponto de equilíbrio sem abordagem probabilística e o ponto de rutura foi atingido após o terceiro ano de funcionamento. Além disso, a abordagem baseada em probabilidades mostra que o ponto de equilíbrio é atingido após o segundo ano de funcionamento. Por conseguinte, a operação em dois turnos é mais viável, uma vez que o ponto de equilíbrio é atingido mais cedo.

iii.   O custo de oportunidade para o funcionamento em dois turnos mostra que, a longo prazo, é mais viável para a fábrica GDC.

5.3 Recomendações

Esta investigação sugere as seguintes direcções para uma investigação mais aprofundada:

i.   Implementação de simulações Monte-Carlo para LCC probabilístico.

ii.   Considerar o efeito dos feriados designados e do período de encerramento das instalações nas vendas de água refrigerada e nos custos de eletricidade no modelo proposto.

iii.   O custo de substituição e o valor residual dos chillers e do tanque TES podem ser considerados no futuro, depois de atingida a vida útil máxima destes componentes.

REFERÊNCIAS

[1] I. Dincer, "On thermal energy storage systems and applications in buildings", *Energy and buildings,* vol. 34, pp. 377-388, 2002.

[2] I. Dincer e M. Rosen, *Thermal energy storage: systems and applications*: John Wiley & Sons, 2002.

[3] J. P. da Cunha e P. Eames, "Thermal energy storage for low and medium temperature applications using phase change materials-a review," *Applied Energy,* vol. 177, pp. 227-238, 2016.

[4] F. S. Barnes e J. G. Levine, *Large energy storage systems handbook*: CRC press, 2011.

[5] V. Palomares, P. Serras, I. Villaluenga, K. B. Hueso, J. Carretero-Gonzalez, e T. Rojo, "Na-ion batteries, recent advances and present challenges to become low cost energy storage systems," *Energy & Environmental Science,* vol. 5, pp. 5884-5901, 2012.

[6] H. Chen, T. N. Cong, W. Yang, C. Tan, Y. Li, e Y. Ding, "Progress in electrical energy storage system: A critical review," *Progress in natural science,* vol. 19, pp. 291312, 2009.

[7] B. Zalba, J. M. Marin, L. F. Cabeza, e H. Mehling, "Review on thermal energy storage with phase change: materials, heat transfer analysis and applications," *Applied thermal engineering,* vol. 23, pp. 251-283, 2003.

[8] M. A. A. Majid e M. F. Yamin, "Estudo sobre a análise de desempenho do sistema estratificado de armazenamento de energia térmica de uma central de arrefecimento urbano", em *AIP Conference Proceedings*, 2018, p. 030001.

[9] K. Khan, M. Rasul, e M. M. K. Khan, "Energy conservation in buildings: cogeneration and cogeneration coupled with thermal energy storage," *Applied Energy,* vol. 77, pp. 15-34, 2004.

[10] P. Gluch e H. Baumann, "The life cycle costing (LCC) approach: a concetual discussion of its usefulness for environmental decision-making," *Building and environment,* vol. 39, pp. 571-580, 2004.

[11] M. Fallek, "Absorption chillers for cogeneration applications," *ASHRAE Trans. (Estados Unidos),* vol. 92, 1986.

[12] D. M. Frangopol, M. J. Kallen, e J. M. v. Noortwijk, "Probabilistic models for lifecycle performance of deteriorating structures: review and future directions," *Progress in Structural Engineering and Materials,* vol. 6, pp. 197-212, 2004.

[13] B. Battke, T. S. Schmidt, D. Grosspietsch, e V. H. Hoffmann, "A review and probabilistic model of lifecycle costs of stationary batteries in multiple applications," *Renewable and Sustainable Energy Reviews,* vol. 25, pp. 240-250, 2013.

[14] J. Bian, X. Sun, M. Wang, H. Zheng e H. Xing, "Probabilistic analysis of life cycle cost for power transformer," *Journal of Power and Energy Engineering,* vol. 2, p. 489, 2014.

[15] H. Zhang, J. Baeyens, G. Caceres, J. Degreve e Y. Lv, "Thermal energy storage: Recent developments and practical aspects," *Progress in Energy and Combustion Science,* vol. 53, pp. 1-40, 2016.

[16] H. Ibrahim, A. Ilinca, e J. Perron, "Energy storage systems-Characteristics and comparisons," *Renewable and sustainable energy reviews,* vol. 12, pp. 1221-1250, 2008.

[17] B. Sanner, C. Karytsas, D. Mendrinos, e L. Rybach, "Current status of ground source heat pumps and underground thermal energy storage in Europe," *Geothermics,* vol. 32, pp. 579-588, 2003.

[18] F. Agyenim, N. Hewitt, P. Eames, e M. Smyth, "A review of materials, heat transfer and phase change problem formulation for latent heat thermal energy storage systems (LHTESS)," *Renewable and sustainable energy reviews,* vol. 14, pp. 615-628, 2010.

[19] A. Abhat, "Armazenamento de energia térmica de calor latente a baixa temperatura: materiais de armazenamento de calor,"
Solar energy, vol. 30, pp. 313-332, 1983.

[20] S. Tiari, S. Qiu, e M. Mahdavi, "Numerical study of finned heat pipe-assisted thermal energy storage system with high temperature phase change material," *Energy Conversion and Management,*

vol. 89, pp. 833-842, 2015.

[21] A. de Gracia e L. F. Cabeza, "Phase change materials and thermal energy storage for buildings", *Energy and Buildings,* vol. 103, pp. 414-419, 2015.

[22] M. Liu, N. S. Tay, S. Bell, M. Belusko, R. Jacob, G. Will, *et al.*, "Review on concentrating solar power plants and new developments in high temperature thermal energy storage technologies", *Renewable and Sustainable Energy Reviews,* vol. 53, pp. 1411-1432, 2016.

[23] J. Heier, C. Bales, e V. Martin, "Combining thermal energy storage with buildings- a review," *Renewable and Sustainable Energy Reviews,* vol. 42, pp. 1305-1325, 2015.

[24] G. Maidment e R. Tozer, "Combined cooling heat and power in supermarkets," *Applied thermal engineering,* vol. 22, pp. 653-665, 2002.

[25] G. da Silva Pereira, A. R. Primo, and A. A. O. Villa, "Estudo comparativo de sistemas de ar condicionado com chillers de compressão de vapor utilizando o conceito de edifícios verdes," *Ata Scientiarum. Technology,* vol. 37, pp. 339-346, 2015.

[26] R. Hemmati e H. Saboori, "Short-term bulk energy storage system scheduling for load leveling in unit commitment: modeling, optimization, and sensitivity analysis," *Journal of advanced research,* vol. 7, pp. 360-372, 2016.

[27] C. Park, H. Lee, Y. Hwang e R. Radermacher, "Recent advances in vapor compression cycle technologies," *international journal of refrigeration,* vol. 60, pp. 118-134, 2015.

[28] A. D. Althouse, C. H. Turnquist, A. F. Bracciano, D. C. Bracciano e G. M. Bracciano, *Modern refrigeration and air conditioning*: Goodheart-Willcox, 2004.

[29] G. Chicco e P. Mancarella, "From cogeneration to trigeneration: profitable alternatives in a competitive market," *IEEE Transactions on Energy Conversion,* vol. 21, pp. 265-272, 2006.

[30] K. E. Herold, R. Radermacher, e S. A. Klein, *Chillers de absorção e bombas de calor*: CRC press, 2016.

[31] A. Handbook, "Fundamentals," *American Society of Heating, Refrigerating and Air Conditioning Engineers, Atlanta,* vol. 111, 2001.

[32] S. C. Sugarman, *HVAC fundamentals*: Crc Press, 2005.

[33] A. A. Bell e W. L. Angel, *HVAC equations, data, and rules of thumb*: McGraw-Hill New York, NY, 2000.

[34] G. Grossman e E. Michelson, "A modular computer simulation of absorption systems," *ASHRAE Trans. (Estados Unidos),* vol. 91, 1985.

[35] R. Strand, C. Pedersen, e G. Coleman, "Development of direct and indirect icestorage models for energy analysis calculations," *ASHRAE Transactions,* 1994.

[36] C. Cecchini e D. Marchal, "A simulation model of refrigerating and air-conditioning equipment based on experimental data," *ASHRAE transactions,* vol. 97, pp. 388-393, 1991.

[37] J. Gordon e K. C. Ng, "Thermodynamic modeling of reciprocating chillers," *Journal of Applied Physics,* vol. 75, pp. 2769-2774, 1994.

[38] I. E. Figueroa, M. Cathey, M. A. Medina, e D. Nutter, "Modification and Validation of a Universal Thermodynamic Chiller Model Used to Evaluate the Performance of Water-Cooled Centrifugal Chillers," 1998.

[39] D. I. J. D. T. Reindl e P. S. A. Klein, "A semi-empirical method for representing domestic refrigerator/freezer compressor calorimeter test data", 2000.

[40] I. B. McIntosh, J. W. Mitchell, e W. A. Beckman, "Fault detection and diagnosis in chillers--part I: Model development and application/Discussion," *ASHRAE Transactions,* vol. 106, p. 268, 2000.

[41] J. Waluyo, "Simulation model of stratified thermal energy storage tank using finite difference method," in *AIP Conference Proceedings,* 2016, p. 030002.

[42] K. Gommed e G. Grossman, *Performance analysis of staged absorption heat pumps (Análise do desempenho de bombas de calor de absorção faseada): sistemas de brometo de água e lítio*: American Society of Heating, Refrigerating and AirConditioning Engineers, 1990.

[43] G. Grossman, M. Wilk e R. DeVault, "Simulation and performance analysis of triple-effect absorption cycles", Laboratório Nacional de Oak Ridge, TN (Estados Unidos), 1993.

[44] J. S. Seewald, "A SIMPLE MODEL FOR CALCULATING THE PERFORMANCE OF A LITHIUM-BROMIDENVATER COIL ABSORBER," *heat transfer,* vol. 50, p. 2, 1994.

[45] H. I. Wolk, J. L. Dodd, e J. J. Rozycki, *Accounting theory: concetual issues in a political and economic environment* vol. 2: Sage, 2008.

[46] A. A. Groppelli e E. Nikbakht, "Finance, 2000, Hauppauge, NY", ed. Barron's Educational Series Inc: Barron's Educational Series, Inc.

[47] ISO, "ISO 15686-5", ed. Suíça: ISO, 2017, p. 11.

[48] C. C. Mitropoulou, N. D. Lagaros, e M. Papadrakakis, "Life-cycle cost assessment of optimally designed reinforced concrete buildings under seismic actions," *Reliability Engineering & System Safety,* vol. 96, pp. 1311-1331, 2011.

[49] R. J. Budnitz, G. Apostolakis, e D. M. Boore, "Recommendations for probabilistic seismic hazard analysis: guidance on uncertainty and use of experts," Nuclear Regulatory Commission, Washington, DC (Estados Unidos). Div. de ... .1997.

[50] S. Tighe, "Guidelines for probabilistic pavement life cycle cost analysis", *Transportation Research Record: Journal of the Transportation Research Board,* pp. 28-38, 2001.

[51] D. Zhang, H. Hu, C. Roberts e L. Dai, "Developing a life cycle cost model for realtime condition monitoring in railways under uncertainty", *Proceedings of the Institution of Mechanical Engineers, Part F: Journal of Rail and Rapid Transit,* vol. 231, pp. 111-121, 2017.

[52] M. Nasir, H. Chong, and S. Osman, "Probabilistic life cycle cost model for repairable system," in *IOP Conference Series: Ciência e Engenharia de Materiais*, 2015, p. 012027.

[53] Y. Zhu, Y. Tao, e R. Rayegan, "A comparison of deterministic and probabilistic life cycle cost analyses of ground source heat pump (GSHP) applications in hot and humid climate," *Energy and Buildings,* vol. 55, pp. 312-321, 2012.

[54] P. Vithayasrichareon, I. MacGill, e F. Wen, "Electricity generation portfolio evaluation for highly uncertain and carbon constrained future electricity industries," in *Power and Energy Society General Meeting, 2010 IEEE*, 2010, pp. 1-8.

[55] W. G. Sullivan, E. M. Wicks, e J. T. Luxhoj, *Engineering economy* vol. 12: Prentice Hall Upper Saddle River, NJ, 2003.

APÊNDICE A
FUNÇÃO MATLAB PARA CÁLCULO DE AW
A.1 FUNÇÃO MATLAB PARA CÁLCULO DE AW
função [AW] = fun_AP(i, N, PW)
% PVA = Valor Anual
% i = Taxa de juro
% N = Número do ano
% PW = Valor Atual
AW = PW .* (1 / ((((1+i) .^ N) - 1) ./(i.*(1+i) .^ N)));
A.2 FUNÇÃO MATLAB PARA O CÁLCULO DE PW A PARTIR DE FW
função [PW] = fun_PF(i, N, FW)
% PW = Valor Atual
% i = Taxa de juro
% N = Número do ano
% FW = Valor Futuro
PW = FW .* ((((1+i) .^ N) - 1) ./(i.*(1+i) .^ N)));

APÊNDICE B
Certificado de validação da fábrica GDC

17th July 2019

To Whom It May Concern

This letter certify that the data used in the study entitled **"PROBABILISTIC LIFE CYCLE COSTING OF THERMAL ENERGY STORAGE SYSTEM BY USING CAPEX AND OPEX"** is taken from Gas District Cooling (GDC) plant located at Universiti Teknologi PETRONAS (UTP), Perak, Malaysia (as in attached document). This letter also certify that the results presented in the study conducted by **Mr. Ali Akbar** during the time duration from **July 2016** to **July 2019** are satisfactory and in accordance with GDC plant, UTP.

Regards,

SYAHRIDZUAN SALLEH
Operation Head
Makhostia Sdn Bhd
GDC, Universiti Teknologi PETRONAS
Gas District Cooling
Universiti Teknologi PETRONAS
Perak, Malaysia.

MIX
Papier aus verantwortungsvollen Quellen
Paper from responsible sources
FSC® C105338
FSC
www.fsc.org